엄마는 아무 말도 하지 않을 거야

현명한 방관맘의
잔소리 끊기 기술

엄마는
아무 말도
하지 않을 거야

최은아 지음

쌤앤파커스

당신이 좋은 엄마라는
반박할 수 없는 증거

"그게 되니?"

정말 큰소리로 웃었다. 《자발적 방관육아》를 출간하고 나서 매일 아침, 독자들의 리뷰를 읽었다. 칭찬 일색이던 리뷰 속에서 진주 하나를 발견했다. '아이가 뭘 모르면 모르는구나 하라고? 그게 되니?' 솔직하면서도 공감 가는 리뷰였다.

대화법에 관한 책, 자녀교육서를 비롯하여 엄마를 반성하게 하는 수많은 책이 우리 집 책꽂이에서 세 줄을 차지한다. 친구가 하소연했다. "나 진짜 너무 화났잖아. 3살까지 무조건 엄마가 키워야 한대. 나는 그럴 형편이 안 되는데 어떡하라고. 나 진짜 너무 화나서 그때부터 책 안 읽어." 나도 마찬가지다. 형편도, 체력도 안 되는데 다정하고 좋은 엄마들은 또 얼마나 많은지…, 나는 도무지 안 되는데 어쩌란 말인가!

"그런데 나 책 안 읽는데도 네 책은 재밌게 읽은 거 알아? 위로받았어. 그리고 금방 따라 할 수 있겠더라. 프렙 스테이션도 만들고, 줄넘기도 사고, 구글 타이머도 3개나 샀잖아."

책을 읽고 금방 실천할 수 있는 팁들이 좋았고 그 방법이 어렵지 않아서 좋았다는 이야기가 많았다. 그리고 아이에게 건네는 담백한 말들이 육아를 좀 더 쉽고 편안하게 만들어주었다고 했다. 이기적인 엄마가 되어 행복한 삶의 교과서로 거듭나자는 이야기에 많은 부모가 공감해주어 감사했다. 모두가 이기적으로 행복한 부모로서 아이들에게 행복을 물려주었으면 한다.

뉘 집 애들이 척척 알아서 해?

3박 4일 동안 우리 집에 머물다 간 친구네 부부가 아이들이 어쩜 이렇게 불평불만이 없느냐, 평소에도 이러느냐, 아이들이 어떻게 아무 말도 안 했는데 알아서 움직이느냐, 신기하다는 말을 했다. 혹시 집에서 아이를 무섭게 때리는 것 아니냐는 우스갯소리도 했다. 시댁에 아이들을 온전히 맡긴 적 있는데 시어머니는 "네가 그래서 책을 썼구나." 라고 말씀하셨다.

책을 읽은 주변 친구들이 책에 나온 비법 말고 무엇이 더 있는지 알려달라고 했다. 아이를 방관하며 기다려주고 싶지만, 몸이 먼저 움직이는 자신을 발견할 때가 많다고 했다.

"엄마가 좋게 말하면 너는 엄마 말이 안 들리니? 꼭 화를 내면서 말해야 듣는 거야? 왜 엄마를 자꾸 나쁜 사람으로 만드는 거야!"

내게도 집 천장이 울릴 만큼 소리를 지르던 시절이 있었고, 육아가 힘든 시절이 있었다. 산후우울증으로 고생했고, 돌도 안 된 아이를 데리고 친정 엄마의 시한부 인생을 곁에서 지켜봐야 했다. 아기를 매일 둘러업고, 말기 암 환자였던 엄마의 병실 바닥에 돗자리를 깔고 간호했다. '엄마가 오늘은 살아 있구나.'라고 감사할 틈도 없이 살아야 했다. 삶이 힘들다 못해 혼자서 남편과의 관계를 벼랑 끝에 세웠다. 그 힘든 모든 것을 아이와 남편에게 화풀이하며 다 내려놓고 싶었던 시간도 있었다. 잠을 안 자는 첫째가 있었고 밥을 안 먹는 둘째가 있었다. 떼쓰고 바닥에 드러누워 우는 아이를 보며 동사무소에 이혼서류를 떼러 갔다 온 시절이 있었다.

내 마음에 내가 없으니 언제나 집 바깥에서의 나는 위선적이었고, 그 가짜의 선함은 집에서 폭발했다. 밖에서 사람들을 만나면 긍정적이고, 밝고, 환한 내가 집에만 오면 조용하고, 화가 많고, 어두운 사람이 되어 있었다. 아무리 좋은 책을 많이 읽어도 늘 제자리로 돌아온 이유는 내 안에 내가 없어서였다. 그런 내가 지금처럼 편안하고 행복한 육아를 할 수 있게 된 것은 '나'를 찾고부터였다. 내 안에 내가 자리하자 입으로 좋은 말이 나왔다. 말은 곧 마음이었다.

어떻게 하면 진정으로 이기적인 엄마가 되어 진정한 방관육아를 할 수 있는지 좀 더 자세한 이야기를 알려주고 싶다. 위태위태했던 벼랑 끝의 나를 평지로 끌어온, 그리고 지금도 실행하고 있는 이 과정을 말이다. 아이 주변에 좋은 친구가 많아졌으면 하는 마음으로 첫 번째 책을 썼다면, 이 책은 나처럼 행복하고 편안한 육아로 스스로 성장하는 엄마들이 주변에 많았으면 좋겠다는 마음으로 썼다. 아이에게 쏟을 노력과 시간의 일부를 떼어내 엄마, 아빠 자신을 위해 쓰면 좋겠다.

모든 문제는 생각보다 작았다

학부모 상담을 통해 아이를 다시 바라보게 되었다는 편지를 종종 받곤 했다. 나도 학부모 상담에서 객관적인 조언을 하며 내 아이들의 문제도 객관적으로 바라보는 시각을 갖게 되었다. 아이들의 학교생활을 직접 바라본 교사의 입장에서 아이들에게서 보이는 문제들은 부모님의 생각만큼 크지 않다. 아이에게 친구들 사이의 문젯거리를 잘 들으면 전후 사정을 객관적으로 이해할 수 있다. 사실 다 괜찮아질 문제들이다.

교사로서 나는 학부모님들에게 조언하고, 아이 문제를 함께 긍정적으로 해결하고자 노력하지만 나는 선배 엄마에게 조언을 구한다. 직접 여쭈어 비법을 알아내기도 하고, 아이들의 일기장이나 발표, 대화 속에서 힌트를 얻기도 한다. 학부모 상담에서 엄마들을 만나기도 하는데 괜찮은 아이들의 엄마들은 언제나 종종거리지 않는 편안함과 여유로움이 말에서 묻어났다. 괜찮다고 말해주고 싶다. 나에게도 또 엄마들에게도 말이다.

우리는 아이들이 감정 표현을 잘하고, 울지 않고 말하고, 순하고, 착하고, 양보를 잘하고, 예의 바르고, 수업 시간에 잘 듣고, 얌전하지만 발표할 때는 씩씩하고, 공공장소에서는 질서를 지키고, 책을 많이 읽고, 공부도 적당히 잘하지만 행복한 아이들이었으면 싶다.

학부모 상담을 하다 보면 "아이가 자기주장이 강해서 걱정이에요.", "아이가 자기주장을 잘 못해서 걱정입니다.", "아이가 자기 밥그릇을 잘 못 챙겨서 걱정이에요."라고 말하신다. 아이가 느려서 걱정이고, 아이가 성격이 급해서 걱정이라고 한다. 아이에게 다정하지 못해서 걱정이고, 아이에게 너무 관대해서 걱정이라고 한다. 아이에게 엄격해서 걱정이고, 워킹맘이어서 잘 챙겨주지 못해 걱정이라고 한다. 그런데 나는 다 괜찮다고 한다. 정말 다 괜찮다.

친구들에게 좋은 감정도 싫은 감정도 바로바로 표현하는 아이는 문제가 될 때도 있지만, 수업 시간이 즐거워서 웃어주고 대답을 씩씩하게 잘 해주어서 고맙다. 자기주장이 강한 아이가 없으면 모둠학습에서 마무리가 안 되고, 협력학습에서 진도가 안 나간다. 이끌어주는 친구도 있어야 한다. 얌전한데, 발표는 씩씩하게 하는 그런 아이는 없다. 얌전하고 조용한 아이는 잘 들어주어서 좋고, 발표를 씩씩하게 하는 친구는 수업에 도움이 되어 좋다. 공감 능력이 뛰어난 아이는 친구들에게 좋은 친구가 되어주어서 좋지만, 타인의 감정에 너무 신경 쓰느라 피곤하고 예민하기도 하다. 공감 능력이 떨어지는 아이는 걱정될 때도 있지만, 모든 상황에 무던해서 주변 친구들이 편안함을 느낀다.

수업할 때 가장 어려운 상황은 모두가 정답만을 말할 때다. 내가 설명하기도 전에 정답을 말해버리는 아이들만 모여 있다면 수업할 이유도, 재미도 없다. 가끔 엉뚱한 대답으로 웃겨주기도 하고, 수업 분위기를 활발하게 만들어주는 친구가 있어야 한다. 때로는 엉뚱한 대답이 수업을 이끌어가는 실마리가 되기도 한다. 느리지만 꼼꼼하고 차분한 아이도 좋다. 꼼꼼하게 완성한 작품이 친구들에게 좋은 본보기가 된다. 빠르게 잘 마치는 아이도 좋다. 빨리 마치고 친구들도 도와주고, 선생님도 도와준다. 한 반에 30명이 있으면 30명이 다 달라서 좋다. 그리고 다 달라야 한다.

엄마도 다 다를 수밖에 없다

괜찮다. 지금 충분히 괜찮다고 말해주고 싶다. 우리가 가끔 아이에게 하는 실수도 괜찮다고 말해주고 싶다. 행복한 아이로 키우는 데만 너무 신경 쓰지 말고, 엄마도 행복하고 아빠도 행복했으면 좋겠다. 눈떠서 자기 전까지 아이에게 해주어야 할 말을 외워가며 너무 애쓰지 않았으면 좋겠다. 내 아이와 나는, 옆집 엄마와 옆집 아이는 다르니까.

엄한 엄마는 아이에게 규칙을 잘 알려주고 예의 바른 모습을 보여주어서 좋다. 아이도 친구들에게 엄격하게 대하지만, 또 그만큼 규칙을 잘 지키고 어른들에게 예의가 바르다. 허용적이고 다정한 아빠를 둔 아이는 친구들에게도 다정하고 허용적이다. 감정 표현이 널뛰기해서 아이에게 늘 일관되지 못한 엄마도 좋다. 그런 엄마 밑에서 자란 아이는 좋은 것은 좋다고 크게 표현하고, 감동하고, 슬플 때 함께 울어주는 마음을 가지고 자라서 좋다. 목소리가 크고 오지랖이 넓은 엄마 밑에서 자란 아이도 좋다. 언제나 친구들을 잘 챙겨주고, 도움을 주는 일에도 큰 목소리로 독려해주어 좋다. 이만하면 우리는 정말 멋지고 괜찮은 부모다. 그래도 더 좋은 부모가 되고 싶다면 이것만 좀 노력해보면 어떨까?

"하지 마! 하지 말라고 했지! 안 돼!"
"하지 마. 안 되는 거야. 다음에 하자."

"이것도 몰라? 가르쳐줬는데도 몰라? 뭐 들었어!"

"아, 몰라? 엄마가 저번에 가르쳐줬는데 기억이 안 나는구나. 너 혹시 그때 안 들은 거 아니야?"

똑같이 하지 말라는 말이지만, 마음이 달라지면 소리가 달라진다. 똑같은 말도 마음만 바뀌면 괜찮아진다.

"야, 사람 인생 다 70점이야. 남자를 고를 때 유독 잘난 게 있으면 평균 맞추려고 어딘가 유독 못난 게 있어. 과락을 조심해야 한다. 과목별로 고만고만 70점으로 잘 갖춘 남자를 고르면 되는 거야. 누군가 결혼을 잘해서 부럽거든 걔 남편도 70점이겠거니 하고 살아."

"돈은 많은데 못생긴 남자, 잘생겼는데 가난한 남자 중에서 누가 좋아?" 이런 철없는 질문을 두고 토론하던 우리에게 인생을 통달한 것만 같은 한 언니가 이런 이야기를 했다. 20대에는 누군가를 굉장히 부러워하던 시절도 있었고, 그 부러움에 나를 낮추던 시절도 있었다. 그런데 사람 인생이 전부 70점이라니. 엄마가 되고 나서 100점짜리 엄마가 되어야겠다고 다짐했고, 100점짜리 아이를 만들고 싶어 애가 닳았다. 그런데 고만고만하게 과락만 면한 엄마가 되어야겠다고 생각하고, 고만고만하게 과락만 면하는 아이로 자라면 좋겠다고 생각하니 좋은 엄마가 될 자신도 생기고 아이의 단점도 크게 걱정하지 않게 되었다.

그게 되냐고? 그게 된다. 과락 없는 엄마가 되거나 평균 내어

70점짜리 엄마가 될 것을 먼저 인정하면 된다. 엄마의 임종을 지킬 때였다. 스스로 죽어가고 있다는 사실을 실감하고 마지막 인사를 건네는 엄마를 바라보며 알게 되었다. 세상에 죽고사는 문제가 아니라면 그 어떤 것도 문제 되지 않는다는 것을 말이다.

나도 소리 지르고, 혼내고, 자책하는 엄마라는 걸 말해주고 싶다. 그러면서도 아이들과 공생하는 방법을 찾아낸 나의 우아한 잔소리의 비밀을 알려주고 싶다. 우아하게 방관하며 종종거리지 않는 나의 마음을, 나 자신도 방관하며 나를 스스로 자라게 했던 과정들을 보여주고 싶다. 더 똑똑하게 방관하도록 도울 수 있는 마음가짐과 말의 비법을 이곳에 풀어볼까 한다. 무섭게 화내지 않고도, 소리를 지르지 않고도 우아하게 앉아 아이들을 움직이게 할 수 있는 비법을, 외우지 않아도 좋은 말이 나오는 간단한 비책을 말이다.

1장

엄마의 마인드셋

: 똥인지 된장인지 먹어보게 하면 된다

아기를 키우는 엄마는 물리적인 시간이 없어서 생활에도 마음에도 여유가 없다. 정신이 나간 여자처럼 1분 전에 화내다가 2분 뒤에 웃고 5분 뒤에 또 운다. 감정이 널뛰기한다. 출산 후 호르몬의 변화도 문제고, 아이로 인해 해야 할 일이 많은 것도 문제다. 아이가 만 3살이 되면 조금 나아진다. 3년 동안 아이가 스스로 할 수 있는 것들에 기회를 주고, 스스로 하게 기다리고, 집이 더러운 것도 당연하다 생각하고 넘어가야 한다. 물론 지금 정신 나간 내 상태도, 남편과 마구 싸워대는 이 상황도 어느 집이나 다 마찬가지라 생각하고 당연하다고 생각해야 한다. 아이를 기다리지 못한 결과로 내 삶에 나를 위한 시간이 하나도 없다면, 지금이라도 아이가 하는 일을 바라보고 기다리자. 내가 계속해서 키워야 할 아이가 아니라 나와 함께 살아가는 '가족 구성원'으로 자랄 것이다. 부모와 함께 성장하는 '친구'가 될 것이다. 엉망인 집 안도 정리되고, 정신없는 내 모습도 정리되고, 불안했던 남편과의 관계에도 평화가 온다. 아이가 크면 교육이 시작된다. 엄마가 아이의 일상생활을 도와야 하고, 교육을 챙겨야 하고, 뒤치다꺼리를 하고, 워킹맘이라서 일도 해야 한다면 이도 저도 제대로 할 수가 없다.

일상생활을 연습시키고(유아기), 스스로 공부할 준비를 하게 하며(학령전기), 스스로 맞는 학습법을 찾게 하고(아동기), 스스로 자아를 고민하고 주도적으로 공부하게 하고(청소년기), 자신의 진로를 찾아 직업을 갖고(청년기), 성인이 된 자녀를 독립시켜야 한다. 시기마다 부모가 해야 할 일을 한 가지씩 하면 된다. 학교에서도 학습 목표는 그 시간 안에 반드시 배워야 할 한 가지만 목표로 삼는다. 유아기에는 일상생활을 스스로 해내는 연습을 많이 해야 한다. 그러고 나서 학령전기에 열심히 놀면서 공부할 힘을 기르면 학교에 가서 자기주도적으로 공부하게 된다. 아이들에게 한 번에 너무 많은 과제를 내주면 아이들은 제대로 해내지 못한다. 한 가지 단계를 정확하게 하고 나서 그다음 단계로 가야 한다. 스스로 방 정리도 못하는 아이에게 공부까지 잘하게 하려고 하니 안 좋은 말을 2배로 하게 된다. 이런 말이 튀어나온다.

"숙제 안 하니? 방은 이게 뭐야? 뭐 하나 제대로 하는 게 없니!"

각 시기에 아이들이 해야 할 것들을 충실히 연습하게 하고 가르치자. 하나가 되고 나면 그다음 단계로 넘어간다. 조금 천천히 가더라도 목적지에만 가면 된다. 아이가 일상생활을 잘 해내게 하려면 지저분한 부엌과 정신없는 집, 나가버린 내 정신도 이 시기에는 당연하다고 여기고 받아들이면 된다. 분명 기다림에는 끝이 있다. 고생 끝에 낙이 온다.

'이것'이 달리는 부모가 영재를 만든다

"나 노산이래. 정부 지원금으로는 턱도 없어. 무슨 검사를 그렇게 많이 하는지… 노산이라 서럽다." 30대 중반이 되어서야 아이를 품은 친구들이 진즉 학부모가 된 내게 말했다. 젊을 때 아이를 낳고 키워 부럽다며 말이다. 노산은 기형아 출산 확률도 급격히 증가하고 산모에게 생기는 합병증도 걱정해야 한다며 임신부터 이렇게 힘든데, 앞으로 아이 키울 일이 걱정이라 했다.

"나이 들어서 키즈카페나 데리고 가겠어? 힘들다. 힘들어. 체력도 안 되고 뭐 알아볼 힘도 없어."

"알아볼 힘도 없는 거야? 그럼 진짜 괜찮아. 아이가 영재 될 거야."

초임교사 시절만 해도 가정환경 조사서에 학부모의 생년월일을 기재한 자료를 받았기 때문에 학부모들의 나이를 가늠할 수 있었다 (지금은 전혀 알 길이 없다). 그런 와중에 어떤 아이들을 보며 '저 아이는 참 괜찮다. 지금은 성적이 좋지 않지만, 뒷심을 발휘할 것 같다.'고 생각한 몇몇 아이의 부모님께서 상담을 오셨을 때 늦둥이라는 말씀을 하셨던 기억이 난다.

영국의 연구 프로젝트 밀레니엄 코호트에 따르면 산모가 35살 이후에 낳은 아이의 경우, 7살 전후의 인지력이 다른 아이들보다 높게 나타났다고 한다. 이유가 무엇일까? 힘들어서다. 부모가 체력이 달린다는 이야기다. 임신과 출산 과정만으로도 힘에 부치는데, 낳아서 회복하는 속도마저 늦다.

젊은 엄마들처럼 정보력이 뛰어나지도 못하고, 알고 있다고 해도 여기저기 데리고 다니며 픽업할 체력도 없다. 그런데 이것이 영재성을 만든다. 연구 결과에서 주목할 것은 부모의 정서적 안정성 또한 높았다는 점이다. 부모의 정서적 안정이 아이를 믿고 기다려주는 양육 태도로 나타났으며, 이는 교육량에서도 차이를 보였다. "체력이 없어서 뭘 시키지도 못해."라고 했지만, 사실은 부모가 아이를 믿고 기다려준 마음의 여유에서 비롯된 자발적 방관이 아이의 영재성을 키웠던 셈이다.

정보력과 체력이 좋은 부모들처럼 아이를 위해 이것저것 찾아주고, 여기저기 다니는 것도 좋겠다. 하지만 **아이에게 도움이 되는 것은 체력과 정보력이 없는 부모처럼 가만히 앉아 아이가 원하는 것을 아**

이가 스스로 찾아보게 하는 것이다.

"엄마, 친구가 이거 하는데 나도 해보고 싶어."
"어, 그래. 어떻게 하는지 물어보고, 네가 방법을 찾아봐."

부모는 아이가 찾아온 방법이 맞았는지 틀렸는지가 아니라, 그 방법이 옳은지 그른지만 판단하면 된다. 방법이 옳다면 틀렸더라도 시도해보도록 지켜봐주고, 스스로 맞는 방법을 찾을 때까지 기다려야 한다. 그것만으로 아이는 스스로 방법을 찾아나갈 것이다.

어떤 학부모님과 상담하더라도 기다림에 초조함을 느낀다. 기다리는 것이 쉽지 않다고 불안하다고 말씀하신다. 정말 괜찮은 아이들의 부모님은 종종거리고 초조해도 학기 말까지 기다리신다. 쉽지 않다. 아이를 교육한다는 것은 단기간에 성과를 내는 일이 아니기 때문이다. 아이의 작은 습관을 하나 고치기 위해 1년을 노력하면, 학기 초에 지녔던 안 좋은 습관이 다음 학년에 올라가기 전에야 고쳐진다.

내가 만난 늦둥이 아이들, 그리고 늦둥이 엄마의 마음으로 키워낸 아이들이 모두 잘 컸다는 소식을 들었다. 사실 내게 들려오는 소식은 중학교에서 좋은 성적을 내고, 좋은 고등학교에 진학했다는 것 정도지만 선생님들은 안다. 그 '성적'이라는 것은 결국 아이들의 성실함이었고, 부모의 '인내'였다는 것을 말이다. 초등학생이었던 아이들이 그때는 조금 부족해 보였지만, 사실은 방법을 찾아나가는 길에 서 있었던 것이다.

"그래. 네가 한번 찾아봐."

뒷심 있는 아이로 키우기 위해 체력을 아끼자. 열심히 해답을 찾아줄 체력을 아이를 기다리는 데 쓰자. 아이에게 쏟을 체력을 부모 자신을 위해 쏟는 여유도 가졌으면 한다.

아이에게 책임을 떠넘겨라

"엄마가 좋게, 몇 번이나 말했냐고!" 좋게 몇 번이나 이야기했다. 책에 나온 그대로. 정말 좋게, 예쁘게, 친절하게, 잘 말이다. 그런 일이 일어날 것이라고 몇 번이나 말했음에도 불구하고 사고가 일어났다. 화가 머리끝까지 치솟았다.

　책에서 읽고, 밑줄 긋고, 가끔은 찡하게 차오르는 눈물을 닦아내며 미안한 마음으로 다짐하고, 좋은 엄마가 되어야겠다고 수없이 결심해놓고 폭발한 나 자신이 정말 싫었다. 아이와 대화하는 방법에 관한 인스타그램 동영상이며 유튜브 영상들은 왜 저장해두었는지 모르겠다. 내 아이의 애착 형성에 문제가 생기는 것은 아닌가 걱정이고, 뇌 발달이 더뎌지는 건 아닌가 걱정이다. 오늘도 내가 내 아이의 마음을, 아이의 하루를 망쳤구나 싶은 마음에 숨통이 조인다.

"가만히 있는 게 도와…"

"실수도 실력…"

"이따위로 할 거면 때려…"

"제대로 안 할 거면 하지…"

"이거 누가 해달라고 한 거야?…"

"셋, 둘…"

다음에 이어질 알맞은 말은 무엇일까? 뒷말이 입가에 맴돌 것이다. 그렇지 않은 부모가 있을까? 혹은 한 번도 이런 말을 해본 적 없는 부모가 있을까? 혹시나 있다면 아마 몸 안에 사리가 수백 개는 쏟아져 나오고 화병으로 인해 인내심이 폭발하기 직전일지도 모르겠다. 개인적인 의견이지만 이런 말을 자주 했다면 정상 범주의 부모일 것이고, 한 번도 해보지 않았다면 '노력 요함'이다.

가만히 있는 게 도와주는 것이고, 실수도 실력이다. 이따위로 할 거면 때려치워야 하고, 제대로 안 할 거면 시작하지도 말아야 한다. 이건 분명 네가 해달라고 한 것이고, "셋! 둘! 하나!!" 셋 셀 동안 울음도 멈추어야 한다.

이 중 틀린 말은 하나도 없다. 우리가 이런 말을 하는 이유는 아이들에게 좋은 습관을 길러주기 위해서고, 다치는 일을 방지하기 위해서다. 아이들이 노력한 만큼 결과를 얻었으면 하는 바람이고, 나보다 나은 삶을 살았으면 하는 마음에서다. 그런데 아이들은 모른다. 우리가 이런 말을 하는 의도를 헤아려주지 않고, 그저 우리의 눈빛과 표정, 말투만을 기억할 뿐이다.

"그랬구나. 하기 싫었구나."
"그랬구나. 잘 안 돼서 속상했구나."

한 번만 일어나는 일이라면 세상 모든 엄마는 이렇게 말할 수 있다. 그렇지만 매일 반복되는 아이의 행동은 그간 좋게만 말해온 것이 문제인가 싶어 소리를 버럭 지르게 한다. 맥락 없이 지르는 소리가 아니다. 많이 참아왔고, 그간 좋은 말로 해왔으며, 쌓인 것이 폭발했을 뿐이다. 아이에게 좋게 말해주려고 노력하다 보니 힘이 들어갔다. 다이어트를 하려고 하면 안 먹던 음식도 먹고 싶어지고, 무언가를 잘하려고 하면 긴장되어 잘 안 되는 것처럼 육아도, 아이와의 대화도 잘하려고 하면 할수록 뜻대로 되지 않아 화가 났다.

아이의 삶은 아이 몫으로 남겨두고 내 삶이나 잘 살아야겠다고, 친절하고 좋은 엄마가 되려고 노력하기보다 평균만 하자고 생각하니 속이 편했다. 결국 나는 말하지 않는 쪽을 선택하기로 했다. 좋게 말하려고 했더니, 결국 참아온 것들이 한순간에 폭발하는 여러 순간을 후회와 자책으로 보내면서 침묵하기로 했다. "가만히 있으면 중간은 간다."는 속담이 괜히 있지 않을 것이다.

가능하면 아이의 행동에 입을 대지 않으려 노력하고, 대신 그 모든 책임을 아이에게 돌리기로 했다. 아이는 생각보다 강했고, 자신의 행동에 책임지려고 노력했다. 아이가 해야 할 행동은 등교 준비, 학교 숙제, 그리고 자기 전 양치뿐이었는데 이걸 잘하지 못하면 아이 인생이 망가질 것처럼 걱정하고, 아이를 몰아세우며 화냈던 나 자신이 웃기고 유치하기까지 했다.

첫째가 초등학교 1학년 1학기를 마치고 온 가족이 프랑스로 가게 되었다. 프랑스의 국제기구에서 일하게 된 남편을 따라서 온 가족이 갑자기 프랑스로 떠나게 된 것이다. 한국에서 초등교사로 근무하던 나는 잠시 직장생활을 떠나 낯선 땅, 프랑스에서 전업주부로 살게 되었다. 내가 프랑스에 와서는 반강제적으로 아이의 학교생활에 참견할 수가 없었다. 내가 불어를 모르기 때문에 학교 숙제를 도와줄 수도 없었다. 아이에게 모두 물어봐야 했고, 아이가 말해주는 것만 알게 되었다. 친절한 알림장 같은 것은 기대할 수 없는 프랑스에서 아이는 살아남기 위해 최선을 다했다.

앉아 있기만 해도 힘들었을 첫째의 학교생활에 사랑과 관심이라는 이름으로 펼치는 나의 오지랖이 혹시라도 부담될까 걱정했다. 아이가 노트를 보여주기 전까지는 책가방을 한 번도 열어보지 않았다. 아무것도 몰라도 되니 그저 교실에 앉아 있기만 해도 된다고 말했다. 첫째가 프랑스 학교에 다닌 지 일주일쯤 되던 날, 필기체를 그림처럼 그려온 노트를 내밀며 숙제를 적어왔다고 했다. 도무지 알 수가 없는 상태인지라 도움을 줄 수 없어 그냥 학교에 보냈더니 다음번에는 선생님께 여쭈어 교재에 숙제를 표시해 들고 왔다.

오늘은 어떻게 놀았는지, 급식에 어떤 음식이 나왔는지를 제외하고는 공부에 관한 이야기는 묻지 않았다. 아니, 묻지 못했다. 아이는 필기체 연습장을 사달라고 하더니 필기체 연습을 하고, 반에서 단어 시험 점수가 가장 높다며 내게 자랑했다. 그렇게 두 아이는 프랑스에 간 지 1년 만에 불어보충반과 영어보충반에서 정규과정반으로 입성했다. 언어가 안 되는 아이들은 따로 모아서 정규수업 시간 대신에 언어보충반에서 공부한다. 영어도 불어도 못하는 아이들을 보며 방관육아에 대한 소신이 흔들릴 때가 많았음을 고백한다. 그런데 아이들이 1년 만에 정규과정반에 입성한 결과물이 마치 내 육아의 성적표 같아서 기뻤다.

지금 초등학교 2학년인 첫째와 만 5살인 둘째는 밥 먹고, 숙제하고, 내게 가정통신문을 가져온다. 나는 사인만 하면 된다. 그동안 아이들은 내일 입을 옷을 챙겨놓고, 읽고 싶은 책을 가져가서 침대에 눕는다. 나는 "얘들아, 잘자."라고 하면 끝이다. 각고의 노력을 기울인 끝에 얻게 된 이 평화를 보며 노산인 친구들은 나를 워킹맘의 희망이자 롤모델이라고 부른다. 사실 나는 예쁘게 말하고 나긋나긋 부드럽게 말하기보다 말하지 않을 궁리를 했을 뿐이다.

좋은 말만 하려면 말을 안 해야 한다

"야. 엄마가 너 뒤따라가면서 청소하는 사람이야? 엄마는 청소하는 사람 아니야. 너 허물 벗어놓은 거 치우라고 몇 번을 말했어? 방이 이게 뭐야. 도대체! 이런 방에서 잠이 오고 공부가 되니?"

골백번을 듣고 살아온 말인데, 이제 이런 말을 하는 엄마가 되었다. 도대체 이런 방에서 어떻게 잠자는지 알 수가 없다. 자기 책상은 온갖 물건으로 다 어지럽혀놓고는 식탁까지 물건을 끌고 나와 어지럽힌다. 그마저도 자리가 없으면 거실 바닥을 점령한다. 공부라도 한번 하고 나면 지우개 가루가 천지에 널린다.

아이에게는 할 잔소리가 많다. 꼭 해야 할 잔소리도 있다. 그럴 때를 대비해 안 해도 되는 잔소리는 안 하는 시스템을 만들어야 한다.

아이들은 집안일 정도는 스스로 할 수 있어야 한다. 프랑스에서 다양한 국적의 사람들과 '남편의 집안일'에 관한 이야기를 나눈 적 있다. 우리 남편이 자신은 자라면서 집안일을 한 번도 하지 않고 컸다고 하니 외국 친구들이 '왕자'냐고 물었다. 그들은 7살 때부터 아버지로부터 이불 정리와 설거지를 배웠으며, 싱크대에 물기를 닦는 법을 배웠다고 했다. 집안일을 모두 '엄마'가 했다고 대답하자 외국 친구들이 모두 깜짝 놀라며 말도 안 되는 일이라고 했다.

얼마 전 한국인 가정과 프랑스 다문화 가정에서 자라는 아이들이 아침에 일어나 스스로 등원을 준비하는 모습이 방송되어 프랑스 육아가 대두된 적이 있다. 나는 이것이 식문화의 차이일 뿐 어느 나라의 육아가 좋다 나쁘다를 따질 순 없다고 생각한다. 뜨거운 밥과 국을 아침으로 먹는 우리나라에서는 한두 살짜리 아이에게 아침 준비를 스스로 하게 하는 것은 있을 수 없는 일이다. 우리의 문화에서 부모는 뜨거운 음식을 식혀서 아이에게 먹여야 했다. 그런 육아 방식이 그대로 전해 내려왔기 때문에 지금도 그렇게 할 수 없는 것이다. 다만 타국의 문화에서 우리가 배워야 할 것은 아이가 할 수 있는 일은 스스로 할 수 있도록 가르치는 것이다.

아이가 스스로 할 수 있게 가르치고 기회를 주는 것은 아이를 자기주도적으로 키우는 일이기도 하지만, 사실 엄마가 몸이 편해지는 길이기도 하다. 그리고 엄마가 이것저것 다 해주는 것보다 더 너그러운 육아이기도 하다. **엄마는 아이가 엄마의 기분과 정서를 먹는다는**

사실에 더 집중했으면 한다. 엄마가 몸이 편하지 않으면 아이가 마음
이 편할 수 없다.

시계를 보는 프랑스 초등생들의 아침 준비

나는 아이들이 꼭 해야 하는 정리를 정해진 시간에 반드시 하게 했다.
가령 기상 후 이불 정리와 잠옷 정리는 반드시 아침에 스스로 하고 나
가게 했다. 지각해도 이런 말은 하지 않는다. "늦었어. 지각이야. 정리
는 나중에 하고 빨리 나가!"

대신에 나는 이렇게 말했다. "지각이야. 빨리 정리하고 나와. 내
일은 늦지 않게 일어나야겠다." 아이들이 각자 아침 정리를 마치게 한
다. 지각해도 선생님께 크게 혼나지 않는다는 아이의 말대꾸에, 나는
스스로 불편함을 겪게 하려고 학교 교문이 닫히는 시각에도 서두르지
않고 학교에 도착했다.

프랑스는 8시 30분이 되면 메인 교문이 닫히고, 한국으로 치면
경비실에 요청해야만 학교에 들어갈 수 있다. 한국의 초등학교는 교
문과 학교 건물의 중앙 현관 출입문이 언제나 열려 있다. 한국은 아이
가 지각해도 교실까지 혼자 뛰어갈 수 있다. 하지만 이곳의 학교는 아
이들의 안전을 위해 등교 시간 10분, 하교 시간 10분 외에 교문과 학
교 건물의 중앙 출입문을 철저하게 닫는다. 그래서 어쩔 수 없는 상황

에서는 내가 도와주지만, 자신의 의무를 다하지 않은 채 지각하는 경우에는 교문 앞에 차를 대고 초등학교 저학년인 아이가 스스로 해결하게 바라보기만 한다. 다음 날부터 아이는 일어나자마자 이불 정리를 하고, 옷을 갈아입자마자 잠옷을 옷걸이에 걸고, 다음 날 입을 옷을 전날 준비해둔다. 얼마나 깨끗하고 깔끔한지는 중요하지 않다. 아이들이 각자 정리했으면 그것으로 끝이고, 바닥에 굴러다니는 물건이 없으면 합격이다.

아침밥은 내가 차려줄 때가 많지만, 내가 바쁘면 남편이, 남편이 바쁘면 아이들이 스스로 차려 먹는다. 반찬통에서 반찬을 덜어 접시에 담고, 밥솥에 있는 밥을 알아서 퍼서 먹는다. 남편은 출근하고, 나는 어학원 수업을 들으러 가야 하기에 우리 가족은 모두 8시면 집을 나선다. 아이들은 아침 시간에 알아서 움직이고, 알아서 준비한다. 5살짜리 둘째도 예외는 없다. 남편은 아침 식사 그릇을 식기 세척기에 넣고, 나는 간단한 집 정리와 청소기 돌리기를 마친다. 아이들은 학교에 가져갈 간식도, 물병도 알아서 챙긴다. 얼음물이 필요한 아이는 얼음물을, 물이 2개 필요하면 물병을 2개 챙겨간다. 생수병에 네임펜으로 이름까지 적어서 챙긴다. 내가 할 말은 이 정도다. "다 챙겼으면 차에 타."

사람들이 내게 부지런히 산다고 한다. 아이도 키우고, 살림도 하고, 글도 쓰고, 학교 가서 공부도 하면서 운동도 하고, 어쩜 그리 부지런하느냐 하는데 사실 그렇지 않다. 집안일은 아이들도 모두 함께 하기에 나는 내 방과 공용 공간 정도만 치운다. 아침 시간은 각자 할 일이 분명히 나뉘어 있어서 나는 내 할 일과 내 준비만 하면 된다. 물론 잔소리를 중간중간 하지만, 아이들이 크면 더 줄어들지 않을까 생각한다. 아이들은 가방 정리도 알아서 하고, 내가 공부할 때 같이 숙제하는 것으로 저녁 공부를 함께 한다. 현재 초등학교 2학년인 아이와 5살 아이는 각자 샤워도 알아서 하고, 속옷도 건조기에서 알아서 찾아 입는다.

속이 뒤집히겠지만 1~2년만 아이들이 스스로 할 수 있게 기다려주자. 해낸 몫을 엄마 나이가 아닌 아이의 나이를 기준으로 평가하고 만족하면 아이들이 점점 더 잘하게 된다. 1~2년 뒤에는 스스로 할 수 있는 일이 더 많아지고, 완성도도 높아진다. 뒤따라가면서 물건을 치우지 않아도 되고, 아이에게 싫은 소리를 하지 않아도 되고, 남은 시간과 에너지를 나를 위해 쓰게 된다. 나를 위해 쓴 에너지는 새로운 에너지를 낳아 아이에게는 기다림이, 남편에게는 너그러움이 된다.

잔소리하고 할 일을 대신해주며 화내고, 또 잔소리하고 대신해주고는 결국 아이에게 화내고 자책하는 고리를 끊어야 한다. 아이에게 좋은 말만 하려면 사실 말을 안 해야 한다. 부모가 대신해주고 말면 당장은 아이를 인내심 있게 기다리지 않아도 되지만 10년이고 20년이고 대신해주어야 한다. 좁게는 집안일에서부터 넓게는 사회생활에 이른다. 대학 조교 사무실로 전화가 와서 우리 애가 담당 교수님을 무서워한다고 한다. 대학교 1학년생 어머니가 말이다. 자식을 군대에 보낸 부모가 간부에게 부탁한다. 아이의 생일인데 파티를 열어주고 사진을 찍어 부모에게 보내달라고 말이다.

방관육아 꿀팁

＊ 아이에게 시계를 채워주세요!

아이들에게 손목시계를 채워놓고 책임을 떠넘겨보자. 물론 아이들이다 보니 지각할 때도 있다. 어른들도 알람시계가 있지만, 바로 일어날 수 있는 날이 있는가 하면 그렇지 못해서 지각하는 날이 있듯이 말이다. 아이가 모든 책임을 스스로 지게 하는 방법은 손목에 시계를 채워놓고 타이머를 함께 맞춘 뒤 부모님은 아무 말도 하지 않는 것이다. 지각하더라도 늦게 보내서 아이들이 스스로 불편함을 감수하게 해보자. 아이들이 스스로 등교 준비를 하게 될 것이다.

잔소리하지 않는 시스템 만들기

"돼지우리니? 쓰레기통에서 살 거니? 이게 방이야? 다 치워, 당장!"

"이게 글씨야? 이걸 누가 알아보니? 그림을 그린 거니? 글씨를 쓴거니? 다 지워."

"실수도 실력이야. 실수로 틀리는 건 네 실력이 이만큼이라는 거야. 다 다시 풀어."

"이게 0이니, 6이니? 이게 9야? 숫자 못 써? 다 다시 써와."

집이 어지러워 돼지우리 같은 것도 알겠고, 글씨를 잘 못 써서 0인지 6인지 헷갈리는 것도 알겠다. 문제는 '다'다. 어떻게 '다' 다시 하라는 건지 어린 시절에는 막막했다.

　나는 정리를 잘 못했고, 글씨를 예쁘게 쓰지 못했으며, 흰옷을 입어본 적이 없다. 나는 머리를 말리면 머리카락이 바닥에 떨어진다는 사실을 결혼하고 나서 내 집을 가지고서야 알았다. 청소기를 매일 돌리는 엄마를 이해하지 못했지만, 엄마가 되고 나서야 나는 비로소 엄마를 이해했다. 아이들이 방 정리를 좀 했으면 좋겠고, 장난감을 좀 치웠으면 좋겠고, 글씨도 바르게 잘 썼으면 좋겠고, 실수도 하지 않았으면 해서 잔소리했다. 나는 어린 시절의 나를 생각하며 잔소리를 효과적으로 할 방법을 찾았는데, 학습에서 쓰이는 '아하 경험(Aha experience)'을 이용하는 것이다. 내적 동기를 최대한으로 끌어올릴 방법을 공부와 생활, 모든 잔소리에 활용했다.

　아하 경험에서 "아하!"를 가장 손쉽게 이끌어내는 방법은 아이가 이해할 수 있는 경험보다 딱 한 단계만 높은 단계를 제시해 터득하게 하고, 그다음 단계로 차근차근 이끄는 것이다. 처음부터 완벽한 상태를 원하는 것이 아니라 아이가 할 수 있는 단계를 쪼개어 '할 수 있겠다.' 혹은 '해볼 만하다.'는 마음가짐을 갖게 하는 것이 시작이다. 교육심리학자 레프 비고츠키가 말한 스케폴딩Scaffolding도 같은 의미다.

　스케폴딩이란 학습자의 단계를 잘 파악하고, 그보다 한 단계 높이 오르기 위해 단계와 단계 사이에 작은 계단을 마련해주는 것을 말한다. 미혼 때는 20kg 쌀 한 포대를 들지 못했지만, 3kg으로 태어난 아기를 키우면서 조금씩 팔의 힘을 키워 20kg 넘는 아이를 안고 다니는 엄마가 되었다. 한 번에 들려면 들지 못하지만 3kg에서 5kg으로, 5kg에서 10kg으로 자라는 아이를 계속 안고 다니다 보면 팔힘이 키워진다. 잔소리도 이렇게 모르는 사이 조금씩 레벨 업 하도록 해야 한다.

"엄마가 해놓은 대로 깨끗하게 정리해."라는 말 대신

"장난감 다 치워. 엄마가 해놓은 대로 다시 정리해놔."라는 말 대신 큰 바구니나 큰 플라스틱 통(흔히 '다라이'라 부르는 것)을 가리키며 "여기에다 담아."라는 말부터 시작해보자.

"블록만 찾아서 여기에 담자."
"인형만 골라서 갖고 와."
"여기엔 쓰레기만 골라서 담아."

이렇게 해볼 만한 수준으로 단계를 나누어야 한다. 그것이 되고 나면, 그다음에 분류 작업을 시키는 것이다. 레고나 블록 같은 경우에는 아예 커다란 천을 깔아두고 그 위에 놀이를 시작해서 한 번에 정리할 수 있도록 미리 세팅한다. 만들기를 하려는 아이에게는 시작할 때 아예 쓰레기 봉투를 주어서 쓰레기를 미리 담도록 하는 것도 좋다.

글씨를 엉망으로 쓰는 아이 중에 상상력이 풍부한 아이들이 많다. 머릿속에 생각나는 이야기가 넘쳐나는데 글을 쓰는 속도가 받쳐주지 않아서 글씨가 날아간다. 분량이 방대한 만큼 글씨도 날아가고, 뒤로 갈수록 그림이 되고 만다. 아이에게 직접 읽어달라고 요청하거나 찬찬히 읽어보다가 아이가 고칠 수 있을 만큼의 과제를 내어주자.

"이 내용은 정말 재미있고 좋은데, 글씨를 알아볼 수 없어서 좀 아쉽다! 이 부분만 다시 써볼래?"

"이 문장은 정말 멋진 것 같아. 네가 쓸 수 있는 가장 예쁜 글씨로 써놓자."

"와, 진짜 잘 쓰네? 아빠는 네가 글씨를 잘 못 쓰는 줄 알았는데 아니었구나."

이렇게 칭찬하면 다음에는 조금 더 신경 써서 써올 가능성이 크다. 실제로 반에서 이렇게 지도했더니 100이면 100 모두가 더 예쁘게 써왔다. 최소한 그렇게 써오려고 노력했다. 아이에게 글을 쓰라고 하면, 어른들은 아이가 쓴 내용보다는 글씨체에 집중한다. 쉽지 않겠지만 아이의 풍부한 상상력을 먼저 바라봐주면 좋겠다.

아이가 실수가 잦다면 문제를 풀기 전에 **"이 문제는 실수하지 않도록 한번 풀어보면 어때? 다른 건 실수해도 괜찮은데, 이 문제 딱 하나만 신경 써서 풀어봐. 검산도 해보고. 알았지?"** 딱 한 문제만 실수하지 말자고 하면 나머지 문제도 신경 써서 풀어오는 효과가 있다. 계산 실수로 틀리는 문제를 자꾸 지적하고 혼내면 긴장해서 더 틀린다. "0인지 6인지 모르겠다. 다른 사람이 보고 틀렸다고 하면 아쉬워서 어떡해. 아쉽지 않게 잘 써보자." 하고 말해주어야 한다.

그림을 대충대충 그려오는 아이에게는 칭찬과 함께 다음 단계의 과제를 제시하는 방법으로 꼼꼼한 그림을 요청할 수 있다. 나는 그림을 그려서 가져오는 아이에게 잘했다는 칭찬으로 끝내지 않는다. "오! 이거 너무 멋지다. 여기 옆에 나무도 한두 그루 있으면 더 좋겠는데?" 이렇게 말하고 아이들을 방으로 보내어 잠시 쉰다. 아이가 나무를 그려 오면 "우아, 역시! 나무가 있으니까 좋다. 무엇이 함께 있으면 더 좋을까? 벤치? 구름?" 그렇게 벤치와 그림을 그려 오라고 또 방으로 보낸다. 그다음에는 "색칠도 하면 진짜 멋지겠는데?"라고 말하면서 물감, 파스텔, 마카, 유성매직, 크레파스, 색연필, 사인펜을 모두 준비해주고 떠난다. 단계를 쪼개어 제시하고, 아이가 다음 단계로 나아갈 수 있도록 한다. 그리고 엄마, 아빠는 잠시 쉴 시간을 버는 잔머리를 쓴다. 남편은 내게 '지능적으로 잘 시켜 먹는다.'는 표현을 쓴다. 맞다.

나는 어떻게 예쁘게 말할까를 고민하는 대신, 어떻게 하면 잔소리를 하지 않는 시스템을 만들까 고민하고, 어떻게 하면 말하지 않을까를 고민한다. 신박한 아이템을 찾고, 환경을 바꾸고, 단계를 쪼개어 시키고, 어떻게 하면 내 몸이 편한 집 안을 만들까 고민하며 애쓴다.

잔머리를 열심히 굴린 우아한 잔소리와 환경, 시스템, 그리고 엄격한 훈육과 침묵을 적절히 섞었더니 아무 데서나 소리 지르고, 드러 눕고, 떼쓰고, 대드는 아이들과도 평화로운 시간을 마주할 수 있었다. 아이들을 바꾸려 하지 않고 나를 바꾸었고, 내 환경을 바꾸었다. 아이 들의 환경을 바꾸어주자 아이들은 변했고 나는 편안해졌다. 앞으로 닥칠 수많은 양육의 시간이 나를 기다리고 있겠지만 나는 그때마다 치열한 고민과 나에게 집중하는 시간을 통해 아이들과 소통하고 성장 할 것이다.

불편한 경험은 돈 주고도 시켜라!

"저 가방 너무 예쁘다. 세상에, 정말 갖고 싶어!"

"안 돼!"

백화점 명품관 앞을 서성이며 예쁘다, 갖고 싶다 말했을 때 남편이 단호하게 안 된다고 말하면 기분이 어떨지 상상해보라. 우리가 갖고 싶다는 말은 지금 당장 사달라는 말이 아니라 그냥 마음으로 갖고 싶다는 말을 한 것뿐이다. 창문으로 구경만 했고, 그냥 갖고 싶다고 말했을 뿐인데 기분이 정말 나쁘다. 남편이 "그러네, 정말 예쁘다. 나라도 갖고 싶을 것 같은데 못 사줘서 미안하네." 하고 말해준다면 그 마음만으로 충분하다.

아이들도 문구점에서 예쁜 반지를 보고 "반지 너무 예쁘다. 사고 싶다. 엄마, 사주면 안 돼?"라고 했을 때 "안 돼!"라고 하면 엄마의 반응에 민망해지거나, 부정당한 기분에 화날지도 모르겠다. "어머, 핑크색 반지가 정말 예쁘네. 엄마라도 사고 싶을 것 같은데 못 사줘서 미안하네. 반지 대신 엄마랑 이따가 맛있는 걸 사 먹으면 어때?"라고 하면 아이들도 수긍하고 지나간다.

외출하면 각종 캐릭터 물건들과 불량식품들이 아이들을 초 단위로 현혹한다. 우리 집 아이들은 밖에서 무언가를 사달라며 떼쓰는 일이 '이제는' 잘 없다. 심지어 둘째의 친구 엄마가 내게 이렇게 물었다.

"어떻게 하길래 그 집 둘째는 '우리 엄마는 내가 사달라는 건 다 사줘요.'라고 말해요?"

절대 그렇지 않음에도 아이들이 그렇게 생각하는 이유는 언제나 내가 "엄마도."라고 말하기 때문일 것이다.

"솜사탕 먹고 싶어. 솜사탕 사주면 안 돼?"

"아, 진짜 맛있게 생겼다. 엄마도 먹고 싶네."

이렇게 말하고 돌아서면, 아이들은 등 뒤에 대고 말한다.

"엄마아아아~~ 솜사탕 사줘어어어어."

말끝이 길어지면 나는 또다시 말한다.

"엄마도오오오~~ 진짜 맛있어 보여. 우리 딸이 진짜 먹고 싶긴 하겠다."

"그랬구나. 우리 딸이 솜사탕이 먹고 싶었구나."라고 말하기보다 이렇게 이야기하면 아이가 떼쓰거나 울 타이밍을 못 찾는다. 또는 다음과 같이 합리적인 이유를 들어 이야기하면 대부분 넘어간다.

"엄마도 지금 솜사탕이 너무 먹고 싶은데, 우리가 지금 먹고 나면 손 씻을 데가 없어서 불편할 것 같아. 조금 있다가 카페에 갈 건데 그때 솜사탕을 사거나, 카페에서 파는 아이스크림이나 주스를 같이 마시면 어때?"

전제 조건은 아이가 솜사탕을 먹고 불편했던 경험이 있어야 한다. 그러기에 나는 아이에게 불편함을 알려주려고 일부러 불편한 경험을 시킨다. "지금 솜사탕을 사 먹으면 손이 찐득거려서 불편할 수도 있어. 그래도 먹을래?" 불편함에 대해 먼저 알려주고 의사를 확인하는데, 대부분은 그래도 먹겠다고 한다. 다 먹고 난 이후 손이나 얼굴이 찐득거리는 상황을 해결해주지 않고 아이가 불편하다고 울면 우는 대로 데리고 다닌다. "그러게. 솜사탕을 먹어서 찐득거리는 손이 불편하겠네." 하고 말이다. 다음번에는 이 경험을 토대로 아이와 이야기를 나눈다. 무엇이든 당장 해결해야 하는 둘째도 불편했던 경험을 떠올리며 바로 수긍한다. "손이 더러워지니까 나중에 먹을게."

뜨거운 것을 조심시키기 위해서는 화상을 입지 않는 정도에서 손을 갖다 대게 하자. 매운 음식을 못 먹게 하지 말고 살짝 매운 맛을 느끼게 하자. 추운 날 샌들을 신고 나간다는 아이를 원하는 대로 신고 나가서 추위를 느껴보게 하자. 부모의 말에 설득력이 있으려면 불편한 상황에 대한 경험이 강렬하게 남아 있어야 한다. "거봐! 찐득거리니까 먹지 말라고 했지!"와 같은 말은 불필요하다. 아이가 겪은 불편한 경험마저도 아이에게는 배움이고 경험이다. 불편한 상황에서 울거나 떼쓸 때 "네가 사달라고 한 거잖아. 엄마가 분명히 이런 일이 생길 거라고 했지!" 하고 혼내지 말고 "불편하겠네. 다음에는 먹고 싶어도 참아야겠다. 그렇지?" 하고 말 일이다. 불편함을 감수해야 하는 쪽은 아이다.

엄마도 갖고 싶은 것 많고 먹고 싶은 것 많다

아이가 지나가는 길에 무언가 갖고 싶다고 하면 "엄마도 사고 싶다." 하고 돌아서라. 아이가 무언가 먹고 싶다고 하면 "엄마도 먹고 싶다." 혹은 "엄마도 지금 아이스커피가 마시고 싶다!!" 하고 반응하자. "네가 아이스크림 이야기하니까 진짜 먹고 싶긴 하다. 그렇지? 조금만 참고 저기까지만 가보자!"라고 해도 좋다. 무조건 아이가 하고 싶은 것을 못 하게 하는 부모가 아니라 '엄마, 아빠도 지금 무언가를 하고 싶지만 참고 있어.'라는 메시지를 전달하는 것만으로 충분하다.

그런데 문제는 우리 둘째 같은 아이도 있다는 것이다. 마트든 문구점이든 약국이든 들어가면 보이는 족족 물건을 사달라고 앉아서 울거나 드러누워 떼쓴다. "엄마도 사고 싶어. 못 사줘서 미안해."라고 하면 "안 미안하게 사주면 되잖아!"와 같은 말로 코를 막히게 하고 소리를 질러 귀가 막히게 한다. 일관된 태도로 침묵하면 된다.

"어, 진짜 사고 싶겠다. 가자." 한마디면 된다. "안 된다고 했지!"라고 한다든가 "한번 안 된다고 했으면 안 되는 거야!"라는 말처럼 혼내거나 화낼 필요도 없다. 우는 아이를 세워두고 계속 장 보거나 우는 아이를 계속 바라보기만 하는 것으로 충분하다. 몇 번의 경험으로 안 되는 건 안 된다는 것을 행동으로 보여야지, "엄마가 안 된다고 했지! 안 되는 건 안 되는 거야!"라고 하며 우는 아이를 세워두고 싸울 필요가 없다. 때로는 반응하지 않는 것이 더 강력한 훈육이기도 한다.

아이로서는 쇼핑카트에 파도 담고, 마늘도 담고, 두부도 담는 부모의 모습을 보며 '엄마, 아빠는 사고 싶은 것을 마음대로 사면서 왜 나는 못 사게 하지?'라는 생각이 들 수 있다. 실제로 첫째가 불량식품을 사지 못하게 하는 내게 엄마는 먹고 싶은 것 다 사면서 왜 나는 못 사게 하느냐고 물은 적이 있다. 그렇게 보일 수도 있겠구나 싶어 다음부터는 장 보러 가면 아이들에게 미션을 준다.

"너희가 좋아하는 갈비를 만들어야 하니까 마늘이 어디 있는지 찾아와 줘."

"너희가 먹고 싶은 맛으로 요거트 가져와."

입맛에 안 맞을 것 같은 음식을 사겠다고 하면 일단 사게 둔다. 그리고 집에 와서 먹게 한 후 이야기한다. 불편한 경험을 돈 주고 하는 것이 가끔 속 쓰리지만, 몇천 원의 경험으로 아이와의 전쟁을 치르지 않아도 되니 그것으로 만족한다.

맛없어 보이는 과일을 사달라고 조르는 둘째에게 "엄마는 이거 맛없어 보이는데, 괜찮겠어?"라고 묻고 사주었다. 집에 와서 먹어보고는 "엄마가 맛없을 것 같다고 하는 건 정말 맛없어. 그런 건 안 사야 해.", "엄마가 아니라고 하는 건 정말 하면 안 되는 거야."라고 이야기했다. 그동안 자신의 의지로 하겠다고 우겼던 모든 것의 결과가 좋지 않았음을 만 5살이 지나서야 인정하기 시작했다. 바꿔 말하면 해보고 싶은 것을 다 해보고, 엄마 말을 들으면 자다가도 떡이 생긴다는 걸 알게 되는 데 5년이 채 걸리지 않았다. 그 이후로는 장난감 가게에서도 이성을 잃지 않고 실용적인 물건을 하나만 사서 나오는 모습을 보였다.

똥인지 된장인지 먹어보게 하라. 불편한 경험이 때로는 아이들과 편안한 대화를 이끌어주는 열쇠가 되기도 한다. 그리고 말하면 된다. "엄마도."

완벽한 엄마에게서
너무 완벽한 아이가 나온다

"모 아니면 도야." 결혼하고 아이를 낳고 키우는 선배 선생님들께 종종 듣던 말이다. 바로 교사의 자녀를 두고 하는 말이었다. 아이를 낳기 전에는 전혀 이해할 수 없었다. 선생님이면 당연히 아이도 잘 키울 수 있는 것 아닌가?

아이를 낳으니 아이의 선택과는 무관하게 '교사의 자녀'라는 수식어가 붙는다. 아기였을 때는 '엄마가 선생님인데 얼마나 잘 키우겠어.'라는 시선, 아이가 크면서는 '엄마가 선생님인데 얼마나 공부를 잘할까?'라는 시선, 아이가 잘 못하는 부분이 생기면 '엄마가 선생님인데 왜 저럴까?'라는 시선. 수많은 시선으로부터 나와 아이를 지켜내려다 결국 아이를 옥죄게 된다. 하나부터 열까지 말이다. 육아휴직을 하고 남편의 대학원 진학을 이유로 아는 사람이 없는 지역에서 아이를 키우게 되었다. 그 시절 내가 교사인 것을 아는 사람은 없었다. 그런 시선들에서 벗어나 조금은 마음 편하게 육아를 했다.

대학교에서 만난 친구들은 모두가 교사이기에 가끔 아이들을 데리고 모임이라도 하려면 서로의 말투에 웃느라 정신없다. 어쩜 내가 하는 말투와 똑같은지 교사는 대개 다른 사람들에게 피해 주는 것을 싫어하고, 특히 내 아이가 그 모습을 보이는 것을 참아내지 못한다. 학교에서 문제 행동을 보이는 아이들을 지도했는데, 그런 모습이 내 아이에게서 보이면 어떻게 해서든 뜯어고치고 싶다. 학교의 아이들이 그런 모습을 보일 때는 귀엽기도 하고, 때로는 말로 잘 타이르기도 하는데 내 자식에게는 허용하지 않아 가끔 미안하기도 하다.

"안 돼.", "아니야.", "그만해.", "그렇게 말하면 안 되지.", "너 그럼 안 돼. 이리 와서 사과해.", "제대로 해놔야지.", "똑바로 해야지.", "바르게 앉아요.", "제대로 해놓고 왔어?", "엄마가 뭐라고 했어. 다시 말해봐."

조금의 흐트러짐도 용서가 안 된다. 교사 친구들끼리 아이를 데리고 만나면 각자 아이들에게 잔소리해대느라 대화가 이어지질 못하고, 그 말투가 서로를 똑 닮아 웃음이 터지기도 한다. "좀 봐줘라. 좀. 이렇게 잘하는데."

부모의 잔소리를 듣고 잘 자라는 아이가 있다. '모'가 된다. 부모의 잔소리를 견디지 못해 어긋나는 아이가 있다. '도'가 된다. 완벽을 추구하는 엄마 아래서 아이가 적당히 잘 자라기를 바라면 욕심인 걸까?

학부모 상담을 할 때 가끔 눈물을 보이는 부모님이 계신다. 남에게 피해 주는 것을 극도로 꺼리는 성향의 부모님에게서 볼 수 있다. 학부모 상담에서는 아이의 좋은 점과 함께 안 좋은 점도 상담하고 더 발전할 방법을 고민하고 모색해야 진정한 상담이 된다. 그런데 가끔 그 안 좋은 모습이 친구들에게 조금이라도 피해가 되는 것처럼 느끼면 눈물을 보이신다. 내가 만난 그런 성향의 부모님들은 마음이 너무 여려서 스스로 엄격한 잣대를 들이밀며 완벽한 양육을 해내고자 노력하셨다. 남에게 피해를 주는 자신의 행동(그것이 실제로 피해가 가지 않더라도)이 자책으로 이어진다. 그런 행동이 감정적으로 힘들기 때문에 절대로 흐트러진 모습을 보이지 않는다. 내가 아닌 내 아이가 그런 모습을 보일 때도 스스로 용서하지 못하신다. '내가 잘못 키웠나?'라는 생각이 드는 순간 지금껏 해온 양육 방식을 반성하신다.

완벽한 양육을 해내고 싶은 마음, 남에게 피해 주는 것을 극도로 꺼리는 성향을 지닌 엄마들에게서 이런 어려움이 보인다. 친구들에게도 선생님께도 조금의 피해가 가지 않도록 애쓰신다. 숙제, 준비물, 가정통신문 회신도 날짜를 넘겨 제출하는 법이 없다. 아이들도 언제나 바르고, 규칙을 잘 지키고, 단정하고, 예의가 바르다. 언제나 양보하고 배려하고 다른 사람들에게 피해를 주지 않으려고 노력했는데,

아이다 보니 가끔 실수한다. 아이가 다른 사람에게 조금이라도 피해를 주었을까 힘들어하시는 걸 보면 안타깝다.

세상에 망한 육아는 없다

하루에 90%를 아이와 함께 즐겁게 보냈다 하더라도 10%의 부정적인 반응을 접하거나 아이의 울음소리를 들으면 하루를 망쳐버렸다고 생각하는 부모가 많다. 그렇다. 아이의 하루도, 교육마저도 완벽하게 만들어주고 싶은 마음은 문제가 된다. 심한 경우에는 아무 문제가 없는 아이를 문제라고 생각하고, 전혀 부정적으로 생각할 것이 아닌 일을 부정적으로 여긴다. 학부모 상담에서 가끔 안타까워 나조차 울고 싶을 때가 있다. 정보의 홍수 속에서 판단력을 잃고 아무 문제도 없는 아이를 상담센터에 데려가 치료받고 싶다고 말씀하실 때다.

아이는 그래도 되지만 어른은 그래선 안 된다. 반대로 말하면 어른은 그래선 안 되지만 아이들은 그래도 된다. 아직 어른들의 보호 아래 있는 아이들은 실수를 통해 배운다. 학교라는 울타리 안에서 사회에 나갈 준비를 한다. 어른들은 남의 물건을 훔치면 경찰에 잡혀가고, 누군가를 때리거나 싸움을 벌이면 소송으로 가겠지만 아이들은 그렇지 않다. 학교에서 모든 일을 직접 해보면서 배우고, 남이 하는 것을 보면서 배우고, 해서는 안 되는 행동을 했다는 걸 알게 되면 다음번에는 하지 않겠다고 다짐한다.

"이런 행동은 해서는 안 되는 거야. 모르고 하면 실수지만, 알고 하면 잘못된 행동이야. 오늘 배웠어. 그렇지? 다음번에 또 이런 행동을 하면 어떻게 되지?"

아이들은 단 한 명도 빠짐없이 이렇게 대답한다.

"혼나야 해요."

그렇지만 나는 말한다.

"아니. 그럼 다시 배우면 되는 거야. 어른이 되어서 선생님이나 부모님의 보호에서 벗어나기 전까지만 배우면 되는 거야. 선생님은 또다시 알려줄 거야. 다시 배우면 돼. 알겠지?"

아이들은 실수를 통해 잘못한 것을 배운다. 뜯어고쳐야겠다는 생각으로 대하지 않으면 또 다른 선순환의 고리가 생긴다. 같은 실수를 다른 친구가 하면 그것을 이해해주고 넘어가주는 포용심 말이다.

엄마가 완벽하게 양육을 해내려고 하면 아이들도 잘 자랄 확률이 높다. 실제로 선배 선생님들의 아이들은 대부분 잘 자라서 나 같은 후배 교사들이 노하우를 전수받길 원한다. 다만 그 과정 안에서 여유 있는 마음을 발견하면 좋겠다. 아이를 기르고 가르치는 일을 '진실 또는 거짓'의 문제처럼 명확하게 나누어 생각하지 않았으면 좋겠다. 적당히 칭찬도 받아야 하고 적당히 혼도 나야 한다. 공부와 놀이, 훈육과 칭찬, 엄함과 부드러움, 관심과 무관심, 모르면서도 아는 척과 알면서도 때로는 눈감아주는 척, 웃음과 눈물. 아이를 키우는 데 이 모든 것이 필요하다. 완벽한 하루도 실수한 날들도 필요하다. 오늘의 작은 에피소드가 지금껏 부모의 양육 방식을 반성하는 시간이 되지 않길 바란다.

공부 잘하는 아이 부모의 말투는 엄하다고?

"엄하다."

국어사전의 첫 번째 뜻을 살펴보면 "규율이나 규칙을 적용하거나 예절을 가르치는 것이 매우 철저하고 바르다."고 풀이한다. 결론부터 말하자면 공부 잘하는 아이의 부모들은 대부분 엄하다. 대체로 규칙과 규범을 잘 지키는 아이들이 학습 태도도 좋다. 선생님이 제시하는 학급 규칙에는 수업 중에 지켜야 할 태도도 포함되는데, 이것을 잘 지키는 아이들은 대부분 학습 태도와 학업 성과도 좋은 편이다. 공부는 잘하는데 규칙과 규범을 잘 지키지 않는 아이들을 전작에서 '산만한 똑똑이'라고 표현했다. 실제로 수업 시간에 지도하기 힘든 유형 중의 하나이기도 하다. 공부 잘하는 아이의 부모들은 학업 성적보다는 규칙이나 예절, 태도를 엄하게 가르친다. 학습 성과보다는 학습 태도에 더 중점을 둔다. 그것이 결과적으로 좋은 학습 성과로 이어진다.

아이들은 어릴 때 놀아야 한다고 하는데, 부모는 마냥 놀기만 해서 괜찮을까 걱정한다. 학교는 아이들에게 삶과 진로에 필요한 기초 능력과 자질을 갖추어 자기주도적으로 살아갈 수 있는 능력을 기르게 하는 곳이다(2015 개정 교육과정). 사회가 요구하는 인재상의 핵심 역량을 여러 교과를 통해 가르쳐 사회 구성원으로 살아가게 한다. 학교에 다녀야 하는 이유가 여기에 있다. 학교에 가지 않으면 홈스쿨링이라도 해야 한다. 아이들이 필요한 공부는 해야 한다는 말이다.

교육기본법 제2조에서 "교육은 인간다운 삶을 영위하게 하는 데 그 목적이 있다."고 한다. 의무교육은 국민 생활에 필요한 기초적인 지식을 학교에서 가르친다는 것이다. 학교는 국·영·수만 배우는 곳이 아니다. 초등학교에서는 국어, 영어, 수학, 과학, 사회, 음악, 미술, 체육, 실과, 도덕 과목 외에도 인성, 진로, 안전, 인권, 민주시민, 다문화, 통일, 독도, 환경, 경제에 이르기까지 실로 방대한 내용을 가르치고 배운다. 아이들은 살아가면서 알아야 할 기초적인 지식, 권리와 의무를 알고 사람답게 살기 위한 지식을 배워야 한다. '놀기만' 해서는 안 된다.

아이들은 공부도 해야 하고 놀기도 해야 한다. 공부를 잘하는 아이의 부모는 그 경계가 명확하다. 놀 때는 확실하게 놀게 하고, 공부를 시킬 때는 확실하게 시킨다. 해야 하는 일이라면 확실하게 끝맺음

할 수 있도록 하고, 그것이 아니라면 확실하게 쉽게 한다. 한마디로 표현하기엔 다소 어려움이 있지만 그래도 표현하자면 '엄하다.'는 표현이 가장 잘 어울린다.

"억지로 시키는 것이 맞나요?"

고학년 아이 중 몇몇은 스스로 숙제를 챙겨오기도 하지만, 아이들은 대부분 그렇지 못하다. 아이들에게 해야 할 일을 너무 강요하는 것은 아닌지, 아이들이 하기 싫어 하는데 억지로 시키는 건 아닐까 자책하는 부모님이 많다. 그렇지만 아이에게 미안해하고 속상해하느라 가르칠 것을 엄하게 가르치지 않으면 안 된다. 여기서 엄하다는 것은 무섭게 소리치고, 권위로 아이를 굴복시키며, 매로 다스리거나 큰소리로 야단친다는 의미가 아니다. 스스로 할 수 있도록 옆에서 도와주되, 해야 할 일을 끝까지 해낼 수 있도록 단호하게 가르친다는 말이다. 어릴 때부터 스스로 해야 할 일을 스스로 할 수 있게 '연습'시켜야 한다. 엄하게 말이다.

피곤해서, 배고파서, 하기 싫어서, 힘들어서, 노느라 바빠서 아이가 하기 싫다고 버티더라도 그것이 오늘 해야 할 일이라면 반드시 해내도록 옆에서 돕고 가르치는 부모님의 엄한 모습을 본다. 여기에 아이의 현재 건강 상태나, 심리 상태를 잘 들여다보고 융통성 있게 아이와 '밀당'하는 기술도 필요하다. 24시간, 열두 달 내내 엄하진 않다. 끼어들어야 할 때는 엄하게 끼어들고, 풀어주어야 할 때는 과감히 물러서는 모습을 본다.

아이가 매일 웃고 행복하기만 하면 좋겠다. 그래서 아이가 해달라는 것은 무엇이든 해주고 싶은 마음이 든다. 아이가 원하는 것을 모두 들어주었을 때 지어 보이는 표정만큼 행복한 일이 또 있을까! 기관이나 학교에서도 아이가 매일 웃기만 하면 좋겠다. 선생님과 친구로부터 좋은 말만 듣고, 긍정적인 평가만 받으면 좋겠다. 그런데 우리는 아이를 행복으로만 채우려고 한다. 나 또한 부모이기에 그런 마음을 이해하지만, 그것은 가벼운 행복으로만 채워져 내실 없이 부풀어오를 뿐이다.

아이를 훈육할 때 아픈 마음은 나중의 행복을 위해 지금 감내해야 한다. 엄한 부모들은 아이의 나중의 행복을 위해 스스로 마음 아픈 것도 참아내고, 아이가 힘들어하는 모습에도 강단 있는 태도를 보인다.

공부 잘하는 아이들은 대체로 숙제도 철저하게 한다. 여행을 다녀와 등교 전날 밤 늦게 집에 도착했더라도 새벽에 일어나 숙제를 해 온다. 대충 해오는 법이 없다. 부모님께서 "어제 휴가를 갔다가 늦게 와서 숙제를 못 했습니다. 혼내지 말아 주세요." 이런 문자를 보내지도 않는다. 아이는 숙제를 제출하며 투덜거린다. "어제 제가 집에 늦게 왔는데, 새벽에 일어나서 이거 다 해서 왔어요. 아휴, 진짜 저 너무 피곤했어요! 엄마 정말 너무해요!" 그러나 뿌듯한 미소를 보이며 귀여운 생색을 낸다. 나는 그런 아이들에게 칭찬과 격려를 아낌없이 보낸다.

과제가 있는 미술 시간에는 보통 아이들이 시간을 조절하기 어려워해서 쉬는 시간 없이 이어져도 과제를 마무리하지 못하는 경우가 있다. "지금 시간이 다 되어서 다음 시간을 준비해야 하는데, 여기서 그만 마무리할까?" 다음 시간을 위해 정리하자고 하면 여기저기서 다른 대답이 나온다. "그럼 점심시간이랑 쉬는 시간에 마무리해서 낼게요.", "집에 가서 끝까지 다 해와도 돼요?", "그냥 그만하고 낼래요." 또는 같은 색으로 모두 색칠하고는 다했다고 하는 아이도 있다.

"아이가 공부하기 싫어하는데, 억지로 시키는 것이 맞나요?" 종종 이런 질문을 받는다. 학교는 사회의 작은 축소판이다. 실제로 아이들은 사회에 나가기 전에 학교라는 안전한 울타리 안에서 사회적 과제와 부딪히고 그로부터 배운다. 공부라는 것은 단순히 지식을 깨닫는 과정만이 아니다. 하기 싫어도 해내는 인내의 과정, 성취의 과정을 통해 아이들은 성장한다. 사회에 나갔을 때 하기 싫어도 해야 하는 일들을 해내야 한다. 우리는 아이들에게 공부와 함께 그런 태도를 가르쳐야 한다. 하기 싫은 일을 즐겁게 해낼 수 있도록 환경을 바꾸고, 마음을 잘 다독여 해야 할 일을 끝까지 해내도록 엄하게 이끌어나가야 한다.

분명 그런 과정에서 아이와 부딪히기도 하고, 아이에게 싫은 소리도 해야 한다. 아이와의 관계가 틀어질 것이 걱정되거나, 아이가 힘들어하는 모습이 짠해서 가르쳐야 할 것과 때를 놓쳐서는 안 된다. 좋아하는 일을 하다가도 할 일을 하기 위해 잠시 멈추도록 가르치고, 하기 싫은 일도 어떻게든 끝까지 마무리 짓는 태도를 가르쳐야 한다. 공부를 통해 가르칠 것은 지식과 지식을 얻는 과정과 태도, 그리고 힘들어도 참는 법이다.

말 잘하는 엄마만 말 잘하면 된다

"집안일은 알아서 완벽하게 잘하지만 무뚝뚝하고 대화가 잘 안 통하는 남편, 다정하고 따뜻하고 대화가 잘 통해 어떤 이야기든 다 털어놓을 수 있지만 집안일은 하나도 안 도와주고 계속 누워만 있는 남편 중 어느 남편과 살고 싶어?"

동네 엄마가 갑자기 질문했다. 엄마들은 일제히 "혼자 사는 선택지는 없는 거야?"라고 물었지만 애석하게도 그럴 순 없다고 했다. 나는 집안일도 잘하고 다정한 남자와 살고 싶지만 둘 중 하나만 고르라면 집안일은 잘 못해도 다정한 남자를 고르겠다. 열심히 가르쳐 집안일을 잘하는 남편이 되게 할 자신이 있기 때문이다. 그런 자신이 없더라도 무뚝뚝한 남편이라면 마음이 정말 힘들 것 같다.

남편이 착하면 아내가 집안일을 잘 못해도 괜찮을 것이므로 같이 두 손 놓고 있겠다는 대답도 나왔다. 집안일은 외부에 도움을 요청할 수 있지만, 대화 상대는 그렇지 못하다는 이야기였다.

아이들이라고 다를까? 학교 폭력을 견디지 못해 자살하는 아이들은 부모님이 속상할까 봐 말을 못 했다고도 하고, 부모님께 혼날까 봐 말을 못 했다고도 한다. 이런 기사를 접할 때마다 가슴이 쿵 내려앉는다. 내 자식의 일처럼 속상하고 '그래도 말했어야지.'라고 생각하며 마음이 아리다.

집안일도 양육도 모든 것에 완벽한 엄마보다는 이것저것 부족한 것투성이지만 아이와 대화가 잘 통하는 엄마이고 싶다. 직업병 탓에 집에서도 늘 아이에게 선생님일 때가 많아 후회하지만, 언제나 아이와 대화가 잘 통하는 엄마가 되겠다고 다짐한다.

"나는 우리 애 풀무원으로 키웠어." 정말 잘 자란 아드님들과 화목하게, 가정의 정석대로 살고 있는 선배 선생님이 아이를 풀무원으로 키우셨다 했다. 요리를 못하시기 때문에 그 부분은 과감히 내려놓고, 엄마로서 잘할 수 있는 것만 하셨다고 한다. 여행 중 옆자리에 앉으신 그 선생님이 이미 장성한 아드님, 사부님과 함께 단체 메시지를 주고받는 것을 곁눈질로 보다가 연기하는 게 아닌가 싶을 만큼 따뜻한 대화가 오가는 것을 보고 충격받았다.

우리는 완벽한 엄마이고 싶어 때로 문제가 생긴다. 불필요한 에너지를 부족한 부분에 쏟으려 하니 내가 잘하는 부분에서 쓸 에너지가 없다. 요리를 잘하는 엄마라면 요리로 사랑의 대화를 전달하면 된다. 리액션을 잘 못하고 다정한 말은 못 하지만 살림을 잘하는 엄마라면, 학교를 마치고 집에 돌아온 아이를 위해 깨끗한 집을 준비하는 것만으로도 아이는 사랑을 느낀다. 공부를 잘 가르쳐주는 엄마라면 공부로, 말을 잘하는 엄마라면 재미있는 이야기로 대화하면 된다. 우리모두 잘하는 것이 하나쯤 있다. 자녀교육과 집안일보다 일하는 것이더 잘 맞는 엄마라면 열심히 일하고 성장하는 모습으로 아이에게 큰가르침을 주면 된다.

완벽한 아이로 키울 수 없듯 우리는 완벽한 엄마가 될 수 없다. SNS를 하다 보면 대화를 잘하는 엄마도 보게 되고, 살림을 잘하는 엄마도 보게 되고, 아이와 잘 놀아주는 엄마도 보게 된다. 요리를 잘하는 엄마도 보게 되고, 아이를 호화로운 여행지에 데려가는 모습도 보게 된다. 이걸 다 한 번에 보고 있노라면 나 자신이 한심해진다. 그들도 각자의 장기를 SNS에 올릴 뿐이다.

우리는 여러 사람을 보며 공동구매해서 책도 사야 할 것 같고, 아이를 위해 액티비티도 예약해야 할 것 같다. 여행도 가야 할 것 같고, 살림도 잘해야 할 것 같고, 식사 때 예쁜 플레이팅도 해야 할 것 같고, 옷도 예쁘게 입혀야 할 것 같다. 공부도 잘 시켜야 할 것 같고, 말도 예쁘게 해주어야 할 것 같다. 나는 왜 이럴까, 나는 엄마 자격이 없는 사람인데 아이를 낳았다고 자책하지 말아야 한다. '아, 이 엄마는 이걸 잘하네. 내가 잘할 수 있는 것은 무엇일까?'를 생각해보자. 모두가 한

가지 장기를 가지고 있다. 그럼 그것을 통해 아이와 대화하면 된다.

존재만으로 이미 완벽하다

나는 비교적 다정한 편인데 그렇다고 해서 우리 엄마가 그런 사람은 아니었다. 엄마는 늘 정확하고 실수가 없기를 바랐고, 칭찬이나 다정한 말을 잘 못하는 경상도 여자였다. 20살이 넘어 친구네서 자던 날, 친구 엄마가 잘 자라며 친구에게 볼 뽀뽀를, 그리고 내게도 해주셨던 그날 밤을 따뜻한 충격으로 기억한다. 그렇지만 나는 삼시 세 끼 한 번도 같은 반찬을 올리지 않은 엄마의 밥상에서, 하루도 허투루 살지 않았던 엄마의 삶에서 엄마의 사랑을 느낀다. 지금에서야 말이다. 말이 다정하지 않았던 엄마였지만 엄마만의 방식으로 내게 준 사랑을 아이를 낳고서야 느끼고, 나는 내 방식대로 내리사랑을 계속 이어간다. 지금 아이가 내 모습에 속상해하고 나를 좋은 엄마라고 생각하지 않아도 내 마음과 정성은 결국 아이가 부모가 되었을 때 전해지리라 믿는다. 말의 다정함이 아닌 다른 방식으로 내게 전해진 엄마의 사랑을 통해 나는 엄마를 다정한 사람으로 기억한다.

　엄마를 떠올릴 때 따뜻한 집밥이 생각나는 사람이 있고, 따뜻한 엄마 품을 기억하는 사람이 있다. 정갈한 살림 솜씨를 기억하는 사람이 있고, 친구처럼 편안한 엄마를 기억하는 사람이 있다. 엄하고 단정하여 배울 점이 많은 엄마였다고 기억하는 사람도 있다. 아이들도 저마다 재능이 있듯 엄마도 저마다 재능이 있다. 완벽한 엄마가 되려고 하지 말아야 한다. 내가 잘하는 것만 잘하자. 우리는 존재만으로 이미 아이에게 완벽한 부모다.

엄마의 정보력은
옆집에서 찾는 게 아니다

엄마의 정보력이 아이를 잘 키우는 데 필요한 조건이라 한다. 그런데 엄마의 정보력 때문에 문제가 생긴다. 생겨도 너무 큰 문제가 생긴다. 교사는 아이들 사이에서 일어나는 싸움을 해결하느라 바쁘기도 하지만 학부모들 사이에서 일어난 문제를 중재하느라 힘든 해도 있다. 실은 매해 있다. 엄마들끼리 정보를 주고받기 위해 갖는 잦은 모임에서 서로를 향해 지나치게 내어주는 마음, 내 맘 같지 않은 상대방의 마음과 준 만큼 돌아오지 않는 섭섭함까지 이유도 많다.

그런데 가끔 그 문제를 담임교사에게 해결해달라고 요청해올 때가 많다. 옆 반 선생님도, 그 옆 반 선생님도 한 번쯤 겪어본 일이다. 심지어 엄마들 사이의 관계를 아이들에게도 똑같이 적용한다. 쉽게 말하면 그 집 엄마와 문제가 있으니 우리 아이는 그 집 아이와 짝도 모둠도 안 되게 해달라는 요청이다.

엄마의 정보력은 책이나 전문가의 의견으로부터 나와야 한다. 그 런데 '돼지엄마'라 불리는 교육열 높고 사교육에 정통한 엄마들에게서 얻는 정보를 진짜 정보라 착각한다. 돼지엄마가 전해주는 정보는 돼지엄마의 아이에게 맞춰진 정보다. 내 아이에게 맞는 정보를 얻어내려면 학교 선생님을 찾아가 지금 내 아이가 어떤 부분을 잘하고 못하는지 상담하고, 자녀교육서를 읽고 내 아이에게 맞는 정보를 추려내어 적용해야 한다. 이것이 엄마의 진짜 정보력이다.

아이의 교육도 마찬가지다. 아이들은 '청각형 학습유형'와 '시각형 학습유형' 그리고 '감각형 학습유형'이 있다. 한글을 통 글자로 공부해야 하는 아이가 있는가 하면, 낱자로 익혀 통 글자로 만들어야 쉽게 배우는 아이도 있다. 숫자에 강한 아이가 있고 글을 읽고 상상력이 풍부한 아이가 있다. 칭찬받으면 더 잘하는 아이가 있고, 문제점이 무엇인지, 무엇을 고쳐야 하는지 정확하게 짚어주어야 하는 아이가 있다. 연산을 잘하는 아이가 있고, 도형을 잘 이해하는 아이가 있다.

학교에서도 아이들을 가르칠 때 이해가 잘 안 되는 부분을 설명하기 위해 어떤 아이는 표로 정리하여 그리게 하고, 어떤 아이에게는 스스로 정리해서 내게 말해보라 한다. 어떤 아이는 정확한 사실관계를 예로 들어 이해시키려 하고, 어떤 아이는 감정적인 부분을 먼저 공감해주려고 한다. 어떤 아이는 돈을 예로 들어 가르치고, 어떤 아이는 과학적인 현상을 예로 들어 가르친다. 어떻게 가르쳐야 할 것인지는 아이를 잘 보고 있으면 파악된다. 엄마는 내 아이 하나만 보면 되는데, 이 집 아이, 저 집 아이, 심지어 SNS 속 아이까지 보고서 그들에게 맞는 방법을 내 아이에게 적용하고 왜 이것이 통하지 않느냐 속상해한다. 돈도 버리고 시간도 버리고 아이와의 관계도 놓친다.

내 아이는 어떤 유형 유형의 학습자일까?

첫째 아이는 한글을 배울 때 처음에 낱자를 익히고, 그 다음 소리의 규칙을 찾아 문자를 읽는 아이였다. 한글 벽보를 붙여두고 규칙을 알려주면 규칙대로 찾아 읽는 아이들이 있다. EBS '한글이 야호'나 '한글용사 아이야'를 틀어놓기만 해도 글자를 자연스레 뗐다는, 겉보기에는 영재처럼 보이는 아이들이 이런 유형에 속한다. 실제로 영재라기보다는 우리가 흔하게 한글을 가르치는 방법이 이 유형의 학습자에게 잘 맞는 것일 뿐이다. 이들은 자음자의 소리를 알려주고 모음자의 소리를 알려주고 합쳐서 나는 소리를 찾을 수 있다.

문자는 결국 소리의 규칙을 찾는 과정인데, 첫째는 한글 규칙을 찾고 나니 영어 규칙도 자연스레 찾아 스스로 파닉스 읽기가 가능했다. 명확한 규칙을 잘 찾아내는 특성이 수학에서도 강점을 보였지만, 반대로 명확한 규칙이 없는 공부는 어려워했다. 상상력을 동반해서 이야기를 꾸며내는 일이라든가 뒤에 이어질 내용을 상상하는 것, 어떤 느낌이 드는지 이야기하는 것 등 말이다. 첫째는 시각형 학습자다. 텍스트를 읽어내고, 규칙을 찾는 것에 강하다. 이런 아이는 글자를 먼저 익히게 한 다음, 문자를 통해 아이의 상상력을 키워주는 활동으로 부족한 점을 키워주어야 한다.

둘째는 통 글자 속에서 글자의 규칙을 찾아내었다. 낱자의 규칙을 찾는 것은 어려워했지만, '엄마', '아빠'와 같이 통 글자를 그대로 쓰는 것은 가능했다. 한글을 떼는 속도는 빠르지 않았지만, 아이의 특성상 낱자를 먼저 가르치는 것은 공부에 흥미를 잃게 할 수가 있어 통 글자만 가르치고 기다렸다. 대신 아이는 이야기를 상상해서 말하고, 그림을 보고 자신만의 이야기를 만들어내는 강점이 있다. 어떤 느낌이 드는지를 구체적으로 상세하게 표현하는 능력이 있다. 듣는 귀가 발달한 청각형 학습자여서 같이 이야기를 나누고 설명하며 학습하기를 좋아한다. 이런 아이는 이야기를 많이 들려주고, 대화를 많이 하면서 아이의 풍부한 상상력을 더 끌어올려준 뒤에 익힌 문자를 적용하면 좋다.

참고로 감각형 학습자는 근 감각형 혹은 운동 감각형 학습자라고 한다. 기계를 분해하고, 학습 자료를 스스로 만들어 공부하고, 몸을 움직이며 스스로 체득하는 유형이다. 만들고, 쓰고, 직접 해보고, 움직이며 공부하기를 선호한다. 한글교구가 있다면 조작해보고, 한글카드를 만들어보기도 하고 퍼즐이나 게임, 노래와 율동으로 학습에 활동적인 요소를 넣어 학습하기를 편안해한다.

학습 유형은 선호의 문제이고, 아이마다 명확하게 하나의 유형으로 정해지는 것은 아니다. 아이를 가만히 관찰하고 있으면 아이가 새로운 정보를 받아들일 때, 어떤 방법을 가장 편안하게 생각하는지 파악할 수 있다. 이런저런 방법을 시도해보면서 아이와 가장 잘 맞는 방법, 아이가 가장 편안하게 받아들이는 학습 방법을 찾아주면 된다.

엄마가 시각형 학습자라면 아이에게 계속 시각적인 것을 들어 설명하려 하는데, 아이가 그것을 이해하지 못하면 다른 방향으로 설명해주어야 한다. 엄마가 청각형 학습자라면 아이에게 계속 말로만 설명하는데, 아이가 시각형 학습자라면 그에 맞게 가르쳐야 한다. 부모 둘 중에 아이와 학습 성향이 잘 맞는 사람이 가르치면 같은 내용을 가르쳐도 효과가 크게 나타난다. 한마디로 '쿵짝'이 잘 맞아야 한다.

시각형 아이들은 말을 캐치해내는 능력이 부족하므로, 무엇을 시키고 싶다면 시각적으로 보이도록 해서 시켜야 한다. 명료하게 해야 할 일을 리스트로 정리해서 준다거나 하는 식으로 말이다. 감각형 아이들에게 가만히 앉아서 공부하라고 해서는 안 된다. 같이 산책하면서 두런두런 이야기도 나누고, 단어 게임을 하거나 직접 몸을 움직이며 학습할 때 효과가 좋다.

이야기로 돌아가 나는 두 아이를 전혀 반대의 과정으로 가르쳤다. 프랑스에 오니 각각의 성향이 두드러졌는데, 첫째는 문법에 따라 글을 읽고, 문장에 단어를 추가하며 말을 한다. 둘째는 소리를 그대로 모방해 옹알이처럼 불어와 영어를 시작하더니 그것을 조금씩 정확하게 소리 내어 문장 전체를 하나의 의미로 인식하고 표현한다. 한글을 익혔던 과정과 동일하다. 만약 이 두 아이를 옆집 엄마의 이야기만 듣고 가르쳤다고 생각해보자. 둘째에게 한글 벽보를 붙여놓고 기역과 니은을 가르쳤다면 아이는 공부에 흥미를 잃었을 것이다. 가르치는 나도 둘째를 공부 못하는 아이라고 판단했을지 모른다. 첫째를 통 글자로 한글을 시작하게 하고, 두루뭉술하게 문장을 익히게 했다면 아이는 혼란스러워했을 것이다. 그리고 나는 '이 아이도 공부는 안 되겠구나.'라고 생각했을지 모른다.

어떤 학원이 좋더라, 그 학원에 갔더니 아이 성적이 30점 이상 올랐다고 하면 그 학원은 좋은 학원이다. 그렇지만 내 아이와 맞지 않으면 좋은 학원이 아니다. 만약 내 아이가 그 학원에 다니는데도 30점 이상 올랐다는 그 친구처럼 성적이 오르지 않으면, 내 아이와 맞지 않는구나 하고 다른 학원을 알아봐야 한다. 엄마들은 그 학원이 좋다는데, 너는 왜 계속 제자리냐며 아이만 타박한다. 실은 엄마의 잘못된 정보력 때문인데 말이다.

엄마들 모임에 안나가도 된다

내 아이의 전문가는 나다. 워킹맘이 되고서 가장 불안한 마음은 소외된 감정이었다. 엄마들 사이에서 나도 소외되었고, 하원하고 무리 지어 노는 아이들을 바라보는 내 아이도 소외된 느낌이었다. 무리 지어 있는 엄마들 사이에 함께하지 않으면 중요한 정보를 놓칠 것만 같았고, 내 아이가 뒤처질 것만 같은 느낌이 들었다. 하지만 학교에서 바라본 아이들 덕분에 나는 소외감을 금방 떨쳐냈다. 엄마들끼리 친해서 아이들이 친해진 경우에도 학교에 오면 각자 마음이 맞는 친구들을 찾아 놀았다. 아이들끼리 아무리 친해도 엄마들끼리 계속 친한 경우는 많지 않았다.

우리 집 아이들은 어린이집, 유치원, 학교에서 친구들과 어울려 놀며 만족했다. 방학에는 학교에 가고 싶다고 말할 정도이니, 학교생활에 큰 문제가 없다는 뜻일 것이다. 오히려 내가 엄마들의 관계에 들어가자 마음이 복잡해졌다. 공부에 관심이 없는 우리 아이 옆에서 영재교육원, 미술학원, 피아노학원으로 가는 아이 친구들을 보니 내 아이가 뒤처진 것만 같아 불안했다. 내 아이를 제대로 보지 않고, 남의 아이를 기준으로 삼고 그 아이 엄마를 기준 삼아 내 아이를 판단했다.

다른 엄마에게 정보를 얻을 시간에 내 아이를 한 번 더 들여다보고, 내 아이에게 무슨 학습법이 잘 맞는지 살펴보는 시간이 더 필요하다. 유치원을 마치고 아이들이 삼삼오오 모여 노는 시간에 집에 돌아와 엄마, 아빠와 5분이라도 더 시간을 보내는 편이 아이에게 좋다. 학교에서 쉬는 시간에 친구들과 노는 것만으로 충분하다. 주말에는 가족들과 소중한 추억을 쌓는 일에 더 집중해야 한다.

내 아이의 속도를 그대로 인정하려면, 다른 아이가 어떻게 가고 있는지를 안 보면 된다. 옆집 엄마와 내 아이에 관해 이야기를 나누지 않으면 된다. 옆집 아이가 어떻게 가고 있는지 묻지 않으면 된다. 워킹맘은 자연스레 눈을 돌릴 수 있는 환경이 된다. 전업맘이라면 좋아하는 일을 찾아 자신에게 시간을 투자하며 다른 아이가 어떻게 가고 있는지 보는 것을 중단해야 한다.

모두가 각자의 속도에 맞게 다치지 않고 결승선에 끝까지 들어오는 것이 교육의 목표다. 대회의 목표는 결승선에 들어오는 것이고, 기어서 오든 걸어서 오든 뛰어서 오든 결승선에만 들어오면 모두가 금메달을 받을 수 있다. 그런데 다들 1등을 목표로 하니 달리기가 늦는 아이들은 엄마 손에 질질 끌려오다 엄마와 함께 넘어지고 만다.

첫째는 한글 공부를 시작한 지 3개월 만에 읽고 쓰기 시작했고, 둘째는 무려 2년이나 지나서야 한글을 읽고 쓰기 시작했다. 1년 동안 쓸 수 있는 글자는 오직 엄마, 아빠, 자신의 이름뿐이었다. 각자의 속도에 맞게 기다리고, 학업에 즐거움을 놓지 않게 도왔다. 첫째도 결승선에 들어왔고 둘째도 결승선에 들어왔다. 주변에서 좋은 공부방, 방문학습지, 교재와 책을 추천받더라도 아이의 성향에 맞는 것만 택했다. 이것을 택할 수 있는 능력이 엄마의 정보력이다.

아이들은 아이들끼리 어울려 놀면 된다. 엄마는 따로 친구를 만들면 좋겠다. 취향을 공유하거나, 취미생활을 함께하면 좋겠다. 관심사가 같아 재밌는 대화를 할 수 있고, 마음 편히 만나 일상의 즐거움을 나누는 정도로 끝내면 좋겠다. 엄마의 인간관계에 아이들이 들어오면, 부모의 마음은 어쩔 수 없이 엉뚱한 방향으로 흐르게 된다. 아이를 키우다 보니, 자녀교육을 바라보는 시각이 비슷한 엄마들과 어울리게 된다. 그렇지만 어쩌다 가끔이다. 내 아이에 관해서는 부모 스스로 전문가가 되자. 옆집 엄마는 옆집 아이의 전문가일 뿐이다.

잔소리 끊어내기의 기술

아이들의 행동에서 가장 기분 나쁜 일이 무엇인지, 내가 언제 화를 많이 내는지 적어보자. 아침부터 저녁까지 아이들의 행동 패턴과 나의 말 패턴을 분석해서 내가 가장 '꽂혀서 기분 나쁜' 포인트를 피하도록 환경을 바꾸어야 한다.

아이들이 수저를 바꿔 달라는 것이 화가 나서 프랩 스테이션을 만들었고, 세월아 네월아 태평한 아이들을 움직이게 하려고 구글 타이머를 샀다. 아이들이 어려서 말을 못할 때부터 이런 일은 계속되었는데, 냉장고 메뉴판도 그렇다. 뭘 달라고 하는지 도통 알아들을 수가 없어 아이가 먹고 싶어 하는 간식이나 한글카드를 메뉴판으로 만들어 냉장고 앞에 붙여놓고 소통했다. 아이들은 먹고 싶은 음식을 손가락으로 가리켰다.

아이가 학교에 자주 지각할 때는 전날 외출복을 입혀서 재우고 일어나자마자 차에 태우기도 했고, 공부했으면 할 때는 차 이동 시간에 할 수 있는 앱을 검색해 이동 시간에 해결할 수 있도록 했다.

○ 아이와 소통하기 위해 만든 냉장고 메뉴판.

'듀오링고Duolingo', '드롭스Drops', '스픽Spic'처럼 어학 학습 앱을 추천한다. '듀오링고'는 영어, 불어, 스페인어, 일본어, 중국어 등 다양한 언어를 학습할 수 있고 무료 버전만 사용해도 언어 학습에 큰 도움이 된다. 듀오링고를 깔면 그 안에 '듀오링고 매쓰Duolingo math'가 있는데, 이것도 수학 학습 앱으로 추천한다. 첫째가 하는 것을 보고 둘째도 하고 싶어 해서 '소중한글'이라는 앱을 유료로 결제해주었다. 한글 공부 앱인데, 100일에 3만 원대로 사용할 수 있는 가성비 넘치는 앱이라 추천한다. 차로 이동할 때 요긴하게 사용했다.

잔소리를 끊어 내려 하니 집 안 환경의 변화도 필요했다. 아이들이 어릴 때는 네 칸짜리 수납함을 사서 화장실 앞에 두었다. 건조기에서 수건을 골라내어 '새 수건 바구니'에 접지 않은 채 담고, 다 쓴 수건은 그 옆 바구니에 담게 했다. 속옷은 각자 자기 것을 골라 각자 바구니에 담게 했다. 접어 넣든, 말아 넣든, 구겨 넣든 각자 알아서 가져가서 넣게 했다. 처음에는 마구 넣던 아이들이 조금 크자 각자의 성격대로 빨래를 접어 넣기 시작했다. 칸막이를 이용해 종류와 크기별로 정리하는 남편과 첫째, 한 바구니에 몰아넣는 나와 둘째다. 자기 옷 서랍은 자기가 관리하고, 자기 물건도 자기가 관리하고 책임지게 했다. 아이들이 할 수 있는 수준에서 각자 정리하게 했다.

"엄마, 이거 어디 갔어?"
"네 물건은 나는 모르지. 네가 잘 찾아봐."

프랑스로 이사 온 이후에는 나의 집안일 동선과 전혀 맞지 않은 집에서 살게 되었다. 내 집안일의 동선을 파악하고 집안일을 줄일 수 있는 환경을 계속 만들었다. 내 취미는 집 구조를 바꾸는 것인데, 우리 집은 거의 한 달에 한 번씩 집 구조가 바뀐다. 아이들이 어지르는 게 싫을 때는 소파 위치를 바꾸어 장난감을 소파 뒤로 보내 보이지 않게 했다. 아이들이 책을 좀 읽었으면 할 때는 책꽂이 앞에 소파를 놔두어 책 읽는 공간을 꾸며놓는 식이다. 내 공간을 가지고 싶을 때는 거실에 있는 장난감을 모두 방으로 들여놓기도 하고, 꽃을 사 오는 날에는 식탁을 화분 근처로 옮겨 카페 느낌을 내기도 한다. 아이들 옷장을 하나

○ 두 아이가 각자 정리한 잠옷 서랍(왼쪽)과 첫째가 이름표를 붙여 스스로 정리한 옷장(오른쪽).

두고 같이 잘 정리하라고 하니 네가 어질렀네, 언니가 어질렀네 하고 싸우기에 작은 옷장을 2개 마련해 각자 정리하게 했다. 정리를 잘하는 첫째의 옷장과 '나름' 정리를 잘해둔 둘째의 옷장으로 둘이 싸우는 일을 하나 줄였다.

　말로 무언가를 해결하고자 할 때는 내가 최대한 기분이 좋은 상태에서 말하려고 노력한다. 그것이 절대로 잘 되지 않음을 알고 있으므로 환경을 자주 바꾸려고 노력한다. 아이를 바꾸기는 쉽지 않다. 나를 바꾸기는 더 쉽지 않다. 그럴 때는 환경을 바꾸어야 한다. 아침부터 잠들기까지 잔소리를 가장 많이 하는 일이 무엇인지 찾고, 아이와 함께 어떻게 해결하면 좋을지 의논해서 환경을 바꾸는 데 힘써야 한다. 그리고 중요한 잔소리는 해야 한다.

"엄마는 너에게 잔소리하는 것이 기분이 좋지 않아. 너도 기분이 나쁘잖아. 그래서 안 하려고 해. 어떻게 생각해? 대신 네가 스스로 다 할 수 있어야 하고 책임도 네가 져야 해."

아이들에게 잔소리하는 것이 힘들어 아이와 진지하게 대화를 나누었는데, 첫째가 의외의 답변을 내놓았다.

"잔소리를 듣기 싫은 것은 맞는데 계속 해줬으면 좋겠어."

"왜?"

"그렇지 않으면 나는 내 마음대로 할 것 같아. 엄마가 잔소리를 안 하면 내가 아침에 잘 못 일어나겠어. 그럼 그게 더 안 좋은 거잖아. 듣기 싫은데 그래도 계속해."

너 좋으라고 하는 잔소리라는 걸 아는지, 아이는 잔소리하는 내게 계속하라는 주문을 했다. 나는 적당히 잔소리하지 않고 적당히 잔소리하는 엄마로서 아이와 지지고 볶고 산다. 뭉근하게 끓은 된장찌개와 함께 먹는 집밥도 맛있지만 센 불에 지지고 볶은 자극적인 오징어볶음도 가끔 먹어줘야 맛이다.

자율성을 키워주는 스텝스툴

"엄마, 물!"이라고 아이가 말하면 엄마가 일어나는 집이 많다. 아이가 1.5L 생수병을 들고 컵에 물을 따르다가 흘릴까 봐, 컵이 혹시라도 깨질까 봐 엄마들이 해주는 경우가 많다. 나는 평소에 1.5L 페트병에 수돗물을 담아 물 따르기 놀이를 많이 시켰다. 만 3살부터 아이들은 물이 가득 찬 물병을 기울여 컵에 물을 따라 마셨다. 물 한 방울 흘리지 않고 말이다.

아이들이 더 어릴 때는 200mL 생수병과 작은 컵을 주고 스스로 따라 마시기를 연습시켰다. 500mL, 1.5L까지 계속 물병의 크기를 키워나갔다. 플라스틱 컵과 유리컵, 도자기 컵에도 물을 따르게 했다. 깨질까 봐 안전한 그릇만 주는 것이 아니라, 떨어뜨리고 깨지는 경험으로 컵을 조심히 다루는 방법을 터득하게 했다. 유리 반찬통도 그대로 식탁에 올리고, 밥은 큰 대접에 퍼서 밥주걱을 꽂아둔다. 아이들은 뷔페처럼 반찬을 스스로 덜어 먹고, 밥도 스스로 떠먹는다. 둘째는 만 3살부터 반찬통에 있는 반찬을 덜게 시켰고, 첫째는 초등학교에 들어가면서부터 밥솥에서 밥을 뜰 수 있게 연습시켰다. 더 먹고 싶으면 스스로 해결할 수 있도록 했다.

"애들이 뭘 묻지를 않네요?" 주택을 짓고 나서 방송 출연을 몇 번 했는데, 집에 오신 리포터가 촬영하느라 종일 아이들과 함께 지내더니 아이들이 뭘 묻지를 않는다고 놀라신다. 내 몸이 편하게 세팅해놓은 덕분일 것이다. 집도 아이도 말이다. 냉장고 아래 칸은 아이들의 간식 창고이고, 과일을 먹고 싶은 아이들은 알아서 꺼내 씻어서 잘라 먹는다.

"엄마, 물!"
"따라 먹어."

"엄마, 흘렸어."
"응. 닦아."

"복숭아 먹고 싶어."
"어. 씻어 먹어."

"서윤아, 뭐해?"
"물통 씻어. 깜빡하고 안 꺼내놨어."

"치즈 먹을게."

"응. 냉장고 제일 아래 칸에 있어."

필요한 것들은 모두 알아서 한다. 돕지 않는다. 내가 대신해주다 보면 내 몸이 피곤해지고, 그럼 아이에게 자꾸 안 좋은 말을 하게 되기에 나는 정말 위험한 것이 아니라면 스스로 하는 방법을 알려주고 스스로 하게 한다. 아침 시간에 아이들이 느릿느릿 움직이고 있으면, 아예 현관문 밖으로 나가버린다. 아이들이 허겁지겁 준비해서 나오는데, 어차피 빨리 하라고 다그쳐도 그 시간이고, 밖에 나가서 기다려도 그 시간이기에 나는 보지 않는 쪽을 택한다. 그리고 늦어서 혼나거나 늦어서 창피한 것은 아이 몫이다.

아이가 신생아일 때는 포대기에 업고 요리하며 아이가 등 너머로 볼 수 있게 했다. 아이가 앉을 무렵에는 아기 의자에 앉혀놓고, 옆에서 요리하며 아이에게 밥주걱, 실리콘 주걱을 손에 쥐여주곤 했다. 부엌 서랍을 뒤질 때는 위험한 것만 치워놓고 모두 뒤지게 했다. 아장아장 걷는 아기에게 냉장고 문 열기를 연습시켰다. 알아서 꺼내 먹으라고 말이다. 어린이집을 다닐 때는 물통을 씻는 방법을 알려주고, 설거지가 이미 끝났는데 뒤늦게 가방에 있는 물통을 꺼내 오면 스스로 씻게 했다. 과일을 씻는 방법을 알려주고, 싱크대 아래에 작은 계단을 놓아서 올라설 수 있게 해두었다. 아이가 궁금해하는 것들을 모두 보여주었다.

아이의 키의 맞추어 서서 싱크대를 바라보면 그곳은 정말 궁금한 세상이다. 못하게 하니 궁금하고, 궁금한 것을 해결하려고 서두르다 보니 주의사항을 알려줄 시간이 없고, 아이는 다친다. 아이가 별로 궁금할 것이 없고, 아이에게 제 역할이 주어진다는 것을 알면 아이는 기다린다. 해보지 못하게 하고 궁금하게 하니 몰래 와서 무언가를 하려다가 사고가 난다. 아이가 어렸을 때부터 집 안에 궁금한 것이 없도록 해두면, 궁금함을 빨리 해결하려다 다치는 일은 없다. 첫째가 두 돌 때부터는 바닥에 쟁반을 두고 요리 과정에 아이를 참여시켰다. 내가 계속 지켜볼 수 없는 상황이라면 바닥에서 하게 하고, 다 하고 나면 등받이가 있는 의자에 아이를 세우고 아이를 지켜보며 요리를 함께 했다. 설거지하고 싶어 하면 설거지를 하게 했다. 가끔 한 번씩 재미 삼아 하던 설거지를 어느새 깨끗하게 하는 모습을 보게 된다.

시중에서 판매하는 '키친 헬퍼' 같은 용품들이 많이 나온다. 집에 있는 식탁 의자면 충분하다. 우리 집에서는 다이소에서 파는 접이식 의자를 썼다. 나중에 망가져서 이케아에서 파는 스텝스툴(나무계단)을 2개 사서 두 아이의 키에 맞게 다리를 잘라주었다.

주말 아침에 내가 늦잠을 자면 아이들은 스텝스툴을 사용해 알아서 식탁에 빵과 우유, 주스를 차린다. 과일을 씻어놓고 휴지와 식기 도구까지 챙겨놓고 아침을 먹는다. 얼마 전에는 둘째에게 커피 내리는 방법을 알려주었다. "커피 한잔 주세요."라고 하면 아이가 커피도 내려오고 "모닝빵에 딸기잼 부탁드려요."라고 하면 아이가 챙겨다 준다. 아이가 스스로 할 수 있는 일들을 스스로 하게 만들면 불필요한 잔소리가 사라진다. 잔소리하다가 또 다른 잔소리를 하고, 계속된 잔소리에 부아가 치미는 상황을 멈추게 한다.

이것도 해달라 저것도 해달라 계속된 요구에 몸이 힘들어지면 갑자기 화가 난다. 진짜 잔소리하거나 훈육해야 할 상황에 화내지 않기 위해서는 에너지를 잘 비축해야 한다. 불필요한 곳에 에너지를 쏟지 않으려면 아이가 할 수 있는 일은 스스로 하도록 가르치고 내버려두어야 한다. 쏟으면 스스로 닦고, 먹고 싶으면 직접 꺼내 먹으면 된다. 그것을 엄마가 해주려고 하면 화나는 것이다. 아이가 할 수 있는 일을 잘 구분해두면 10가지 화낼 일이 두세 가지쯤으로 줄어든다.

2장

엄마의 말

: 부드럽게 말하기보다 '말하지 않을 궁리'하기

UCLA 심리학과 명예교수 앨버트 메라비언Albert Mehrabian이 만든 메라비언의 법칙에 따르면 한 사람이 상대로부터 받는 이미지는 시각 55%, 청각 38%, 언어 7%를 차지한다고 한다. 비언어적 요소들에 의해 대화 내용이 93%나 전달되고, 말은 겨우 7%의 전달력이 있다는 말이다. 평소 아이와 어떤 말로 대화하는지는 크게 중요하지 않다.

다만 아이가 문제 해결을 요청해올 때는 어른다운 지혜로움으로 문제를 해결해주어야 한다. 초등 고학년 아이가 친구들 사이에서 따돌림 당하는 것 같다는 상담 전화를 받았다. 반에서 도움이 필요한 아이를 도왔는데, 남자아이들이 짓궂게 놀리며 함께 놀지 않는다는 것이었다. 가장 친했던 친구마저도 등을 지니 아이가 한 달을 끙끙 앓다 이야기를 꺼냈다고 했다. 엄마로서 친구를 돕는 것이 정말 멋진 일이라 생각했지만, 내 아이를 위해서는 무어라 말해줘야 할지 몰라 아이 앞에서 눈물을 보였다 했다. 나는 이렇게 이야기해주라고 했다.

"그것은 정말 멋진 일이고, 엄마는 너의 행동을 정말 위대하다고 생각해. 어른들도 그런 시선을 견디며 도움이 필요한 사람 곁에 오래 있어주는 것은 어려워. 아직 초등학생인 네가 그런 행동을 하다니 엄마가 배워야 할 점이라고 생각해. 그렇지만 주변 친구들 때문에 힘들어서 학교에 갈 수 없다면 학교에 가지 않으면 돼. 이 동네에 초등학교가 스무 군데는 넘어. 네가 갈 수 있는 학교는 많고 엄마, 아빠는 언제든 네가 어려움이 있으면 그것을 해결해줄 수 있어. 네가 힘들다면 다른 지역으로 이사해서라도 해결해줄 수 있어. 나는 네가 몇몇 친구들의 놀림이나 시선 때문에 그런 행동을 멈추지 않았으면 해."

"그런 일이 있었는데 엄마한테 왜 말도 안 했어. 엄마 너무 속상해!"라고 말하며 같이 울고 있을 일이 아니다. 아이가 문제를 해결해달라고 요청하면, 감정은 거두고 여러 해결책을 제시해야 한다. "속상했구나. 친구들 정말 나쁘네." 이렇게 공감만 하고 있어서도 안 된다. 그렇다고 상대를 찾아가 일을 키우는 것은 지혜롭지 못하다. 아이에게 언제든 지혜롭게 문제를 해결해줄 수 있는 어른이 있다는 것을 알려주고, 아이가 문제가 생기면 언제든 말할 수 있어야 한다.

이야기로 돌아가 아이는 엄마와 선생님만 내 행동이 옳다고 생각하면 그것으로 되었다고 했다. 일단 학교에 다녀보고 안 되면 이야기하겠다고 하더니, 결국 아이의 행동을 친구들도 인정하기 시작했다. 6학년 2학기에는 반장이 되었다는 소식을 들었다.

아이의 모든 말에 말로 반응하지 않아도 된다. 아이에게 예쁘게 말할 자신이 없는 엄마라면 말없이 아이를 바라보고, 고개를 끄덕이기만 해도 된다. 아이에게 보내는 따뜻한 눈빛이 아이에게는 긍정적이고 따뜻한 대화로 느껴진다. 무슨 말을 해야 할지 모르겠다거나 말이 곱게 나가지 않을 것 같을 때는 꼭 안아주면 된다. 예쁘게 말하려고 너무 애쓰지 말자. 애쓰면 탈 난다.

이렇게 버럭 하는 엄마는 존중받습니다

　프랑스에서는 일본 엄마도, 스페인 엄마도, 미국 엄마도 만난다. 터키에서 온 친구도 있고, 유럽 전역에서 온 친구들도 만난다. 이들은 내게 한국 엄마들은 아이에게 매우 친절하다고 했다. 내가 놀라서 한국 엄마들은 조금 무섭기도 하고, 엄하기도 하다니 놀란다. 자기들이 본 한국 사람들은 모두가 다정하고, 아이들에게 좋은 말로 말한다고 했다. 실제로 나는 프랑스에서 아이를 무섭게 혼내는 부모들을 자주 본다.

　우리가 아이를 무섭게 혼내는 것은 무서운 것도 아니다. 실제로 나는 공연장에서 앞자리에 앉아 장난치는 아이의 등짝을 때리는 엄마도 보았고, 뺨을 때리는 부모도 보았다. 질서를 지키지 않고 새치기하는 아이를 질질 끌고 가는 부모도 보았고, 미니 열차에서 아이를 한쪽으로 몰아세워 혼내는 부모도 보았다. 기차 밖으로 떨어질까 봐 보는 사람이 더 조마조마했던 기억이 난다. 우리 아이들이 뒤에서 보고 있더니 갑자기 바르게 앉아 내 말을 경청했다. 공공장소에서 에티켓을 지키지 않았을 때 때로는 너무 과하다 싶을 만큼 혼내는 부모들을 종종 본다. 좋은 모습은 아니구나 싶다.

　이렇게 올바르지 않은 예도 있지만 정말 일부이고, 대부분 배우고 싶은 부모들이다. 아이들과 워터파크에서 미끄럼틀을 기다릴 때 새치기하는 아이에게 부모가 말했다.

"이것은 좋은 예절이 아니야. 규칙을 존중해!"

나는 이럴 때 보통 이렇게 말했다.

"새치기하면 안 되는 거야. 다른 사람들이 싫어해."
"그렇게 하면 친구들이 싫어해."
"그렇게 하면 친구들이 같이 놀자고 안 하지."
"너 그렇게 하면 친구 없어. 혼자 놀아야 해."

　나는 언제나 아이를 혼낼 때, 다른 사람들에게 좋은 시선을 받지 못하는 것에 의미를 담아 혼냈다. "친구들이 너 이러고 가면 까마귀라고 놀리겠다.", "그런 옷 입고 가면 사람들이 너 엄마 없다고 하겠어."

아이에게 가르쳐야 할 것은 규칙을 지키는 것, 단 하나였는데 그 규칙을 존중하는 것마저도 타인에게 좋은 사람이 되기 위한 것처럼 가르쳤다.

"규칙을 지켜야 해."

단순하고 명료하게 가르쳤어야 했다. 좋은 말로 타이를 필요도 없고, 마음을 읽어줄 필요도 없고, 예쁘게 말할 필요도 없다. 정확하게 말해야 한다. 비난도 아니고, 혼내는 것도 아니다. 아이에게 가르쳐야 한다면 명확하게 가르쳐야 한다. 어려운 것이 아니다.

호텔에서 아침을 먹었는데, 쟁반에 먹은 그릇을 담아 정리하던 옆 테이블의 외국 아이가 실수로 그릇을 와장창 깨트렸다. 조용하던 식당에 울려 퍼지는 큰소리에 일순간 모두가 그곳을 바라보았다. 아이 엄마는 가장 먼저 아이를 끌어안았다. 엄마보다 더 키가 큰 아이를 말이다. 나는 그날의 충격을 잊을 수 없다. 나였다면 "조심했어야지! 다 깨졌잖아. 그러게 엄마가 한다니까 왜 네가 그걸 들고 가!"라고 했을지도 모르겠다. 혼내지 않더라도 아이를 끌어안기보다는 그릇을 먼저 치우지 않았을까? "위험하니까 저리 가 있어."라고 손짓하며 말이다. 내 마음은 창피함으로 가득 찼을지도 모르겠다. 아이를 끌어안고 아이의 마음부터 살피는 엄마가 내게 무엇이 중요한지를 알려주었다.

타인의 시선 때문에 규칙을 지키도록 가르쳤고, 타인의 시선 때문에 아이가 실수하지 않기를 바랐다. 타인의 시선에서 내려오려고 부단히 노력했는데 이곳에 와서 더 노력해야겠다고 생각한다. 어떻게 내려와야 하는지 눈으로 보고 배우게 된다. 타인의 시선이 아닌 자기 자신을 위해 규칙을 존중하는 사람이 되고, 부모를 존중하는 아이로 키우려면 근본적인 마음가짐부터 달라야 한다는 것을 배운다. 내 마음의 시작이 잘못되었기 때문에 내 말이 잘못되었음을 깨닫는다. 혼내야 할 때와 그렇지 않을 때를 구분하지 못했다. **아이의 마음을 읽어주어야 할 때와 그렇게 하면 안 될 때를 구분하지 못했고, 가르쳐야 할 때와 기다려주어야 할 때를 구분하지 못했다.**

또 하나 배우고 싶은 모습은 애정 어린 스킨십으로 아이들을 끌어안는 모습이다. 프랑스 부모들은 언제 어디서나 아이들을 안았다. 내 눈엔 다 큰 사춘기 아이의 얼굴을 아기처럼 쓰다듬고, 뽀뽀와 포옹을 아끼지 않는 모습을 본다. 내게는 익숙지 않은 장면이 이제는 익숙함을 넘어 나도 자연스러운 모습이 되게 하려 노력한다. 하루는 옷가게에 갔는데 모녀가 탈의실 앞에 줄을 서 있었다. 초등학교 저학년쯤 되어 보이는 아이를 안고 쓰다듬다 차례가 되자 아이는 혼자 들어가 옷을 입어보고 나와서 살지 말지를 결정했다. 엄마는 아이의 결정에 따라 옷을 계산해주었다. 나와 내 아이와는 전혀 반대로 행동하고 있는 모습에서 내가 변해야 할 모습에 대해 생각했다.

여러 국가들의 엄마를 만나고 깨달았다. 학교 폭력이 심각한 것도, 핸드폰 게임으로 부모와 자식이 갈등을 겪는 것도 어느 나라나 같다. 유튜브 시청 시간에 제한을 두는 것도 비슷했고, 형제자매들이 서로 싸우는 것도 비슷했다. 부모와 자식 간의 대화가 사라지는 것도 비슷했다. 초등학생 아이들과 2박 3일 여행을 갔다가 너무 힘들었다고 말하는 러시아 엄마에게 "나는 사춘기 딸이 셋이나 있어요!"라고 소리치는 스페인 아저씨의 말에 모두가 고개를 끄덕이며 웃음을 터트렸다. 사람 사는 모습은 어디나 같다.

이들에게서 자식을 아끼는 눈빛과 표정을 보고 행동에서 애정을 느낀다. 우리도 아이가 규칙만 지킨다면 많은 권한을 주되, 자식을 향해 아낌없이 애정표현을 쏟으면 어떨까? 좀 엄하게 말하는 부모라도 아이로부터 자연히 존중받게 될 것이다.

엄마도 공부하기 싫다고 말하세요

"야! 너도 꼭 너 같은 딸 낳아서 키워봐라! 네가 부모 마음을 어떻게 알겠니!!!"

사춘기 시절, 엄마와 싸우던 내게 엄마는 저주를 내렸다. 나 같은 딸을 꼭 낳으라니. 우리 둘째는 퍽 하면 누워버리고, 소리 지르면서 울고, 하고 싶은 일은 당장 하고야 마는 성격의 나를 똑 닮았다. 작고 마른 저 아이의 속에서 어쩜 저렇게 말이 끊임없이 나올까 싶은 모습도 닮았고, 공부 좀 하자고 앉히면 배가 아프다는 둥, 팔이 아프다는 둥 요리조리 빠져나갈 궁리하는 모습마저도 닮았다. 글도 모르는 녀석이 책을 거꾸로 들고 앉아 내게 이야기를 지어내 읽어주는 모습도 어쩜 그렇게 나와 닮았는지…. 가끔은 나의 단점이 아이에게서 보이면 덜컥 겁난다. 남편은 장모님의 저주가 이루어졌다고 말한다.

테네리페라는 스페인령 작은 섬에서 여행을 마치고 집으로 돌아오는 길이었다. 마르세유 공항에서 비행기로 4시간 거리에 있는 작은 섬에서 돌아오는 날, 맨 앞자리에 앉은 나는 프랑스 아기의 울음소리를 줄곧 들어야 했다. 아이를 안고 달래다 안전벨트 등이 켜지면 다시 돌아와 앉고, 불이 꺼지면 다시 아빠가 서서 안고 달래는 상황을 가장 가까이에서 보고 들으며 4시간을 버텼다. 아이 엄마가 되어서야 비행기에서 우는 아이를 이해한다. 아니, 우는 아이를 어찌할 방법이 없어 종종거리는 엄마의 마음을 이해한다. 4시간 동안 울다 지친 아이가 짠하기도 하고, 눈치 보며 서 있는 엄마, 아빠도 짠하다.

학교에서 말썽꾸러기 아이를 맡았을 때 미혼 시절엔 '부모가 아이를 어떻게 키웠길래 저렇게 말썽꾸러기가 되었을까?'라는 생각부터 들었다. 아이를 낳고 나서야 엄마가 집에서 힘들겠다는 생각이 든다. 아이를 낳기 전에는 식당에서 아이 아빠가 앉아서 밥을 먹고, 아이 엄마는 서서 아이를 안고 달래는 모습을 보고 일면식도 없는 아이 아빠를 속으로 욕했다. 아이를 낳고서야 알게 되었다. 아이가 아빠 품에서는 울음이 달래지지 않는다는 것과 아빠가 빨리 먹고 아이를 데리고 나가 엄마가 혼자 밥을 먹도록 도와야 한다는 사실을 말이다.

공감은 그런 것이다. 내가 당해봐야 안다. 공감은 이해와 노력으로 되는 것이 아니다. 아이를 낳기 전엔 부모의 마음을 몰랐고, 나 같은 딸을 낳아 키워보기 전에는 우리 엄마의 마음을 몰랐다. 문제는 내 아이와의 대화에서는 학교에 가기 싫다는 아이에게 "그랬구나, 우리 딸이 내일 학교에 가기 싫구나."와 같은 말이 입 밖으로 나오지 않는다는 것이다. 나와 전혀 상관없는 사람의 속상한 이야기를 들을 때나 "진짜 속상하겠다."와 같은 공감의 말이 나오지, 내 아이의 일에서는 속상한 마음이 앞서고, 가르쳐주고 싶은 마음이 앞서고, 앞으로도 계속 이러면 어쩌지 걱정하는 마음이 앞선다. 아이의 관점에서 이해해보려 노력해도 부모로서 가르쳐주어야 할 것들에 더 집중한다. 아이는 어른이 되어보지 못한 사람이고, 우리는 아이를 거쳐 어른이 된 사람이다. 아이의 삶을 바라보는 시각은 아이들과 어른이 절대 같을 수 없다. 우리가 어린 시절을 모두 겪은 사람이라고 해도 말이다. 그래서 우리는 이제 아이들의 마음에 진심으로 공감할 수 없다.

"엄마도 너무 귀찮아."

남편이 다니는 회사에서는 배우자를 위한 불어 수업을 3년간 무료로 제공한다. 일주일에 2회는 학생으로 돌아가 수업을 듣는 기분이 꽤 신선하기도 하다. 책상 의자에 앉아 필기하는 모습이 어색하면서도 설렌다. 아주 가끔, 그리고 아주 짧게.

수업은 3시간이나 이어진다. 1시간 20분씩 수업하고 쉬는 시간이 20분 주어진다. 첫 며칠간은 수업이 끝난 후에 타이레놀 두 알을 삼켜야 했다. 가끔 나는 "머리가 아파 학교에 갈 수 없어요.", "집에 수리공이 방문하기로 해서 오늘은 수업에 갈 수 없습니다."와 같은 거짓 메시지를 남기고 수업에 불참하는가 하면, 낮잠을 자다 늦어 2교시에 들어가기도 한다. 쉬는 시간에 번역기를 돌려 숙제를 대충 해결하기도 하고, 수업 중에 졸다가 같은 반 친구에게 사진을 찍힌 적도 있다. 2교시에 마지막 10분을 남겨놓고는 늘 엉덩이가 들썩거린다. 학교에 복직하면 꼭 아이들에게 쉬는 시간을 지켜줄 것이라 다짐한다.

아이들이 프랑스 학교에서 돌아와 무슨 말인지 알아들을 수 없다며, 학교에 가기 싫다고 했다. 일요일 밤이면 시간이 멈추었으면 좋겠다고 한다. 토요일 아침에는 깨우지 않아도 벌떡벌떡 일어나 배고프다고 밥 달라며 나를 깨우는 아이들이 월요일 아침만 되면 눈꺼풀이 무거운지 아니면 애써 닫고 있는지 학교 갈 시간이 다 되어가는데도 일어날 생각을 하지 않는다.

그동안 학교 가기 싫다는 아이의 말에 이렇게 대꾸했다. "학교는 네가 가고 싶다고 가고, 안 가고 싶다고 안 가는 곳이 아니야. 학교를 누가 가고 싶어서 가니? 쓸데없는 소리 말고 빨리 가."

불어 수업을 다녀온 뒤로 나는 수업 가기 전날 밤만 되면 "아, 내일 학교 가기 싫어. 내일 안 일어나고 싶다."는 말이 아이보다 먼저 튀어나온다. 학교에서 수업을 듣는 학생이 되고 나서야 진심으로 아이와 이야기하게 된다.

나는 아이의 학교생활에 진심으로 공감하는 엄마가 되기로 했다.

주 2회 3시간씩 듣던 불어 수업을 취소하고 대학교 어학원에 등록했다. 수업은 일주일에 18시간, 주 4회에 걸쳐 이루어진다. 나는 왕복 2시간 거리에 있는 대학교에 등록해 많게는 하루 9시간, 적게는 하루 3시간의 수업을 해낸다. 첫째는 자신보다 숙제가 더 많은 나를 보며 안타까워하고, 가끔은 숙제를 도와주고 받아쓰기 단어를 불러주기도 한다. 시험 준비를 하느라 밤 늦게까지 공부하는 내게 공부를 미리 해두라고 잔소리하기도 한다.

우리는 밤마다 학교 가기 싫다, 공부하기 싫다, 숙제하기 싫다를 함께 외치며 식탁에 앉는다. **아이에게 들려주어야 할 것은 학교에는 가기 싫어도 가야 한다는 형태의 훈계가 아니라, 어른들도 일과 공부가 하기 싫지만 해야 하는 일은 힘들어도 이겨내야 한다는 자세다. 그리고 그것을 함께하는 모습이다.**

우리는 부모고 아이는 부모가 될 수 없기에, 아이가 부모가 되기 전까진 엄마, 아빠의 마음을 이해할 수 없다. 같은 이야기로 우리는 어린 시절을 지나왔지만, 이제는 부모가 되었기에 온전히 아이의 마음을 이해할 수 없다. 아이의 삶을 어른의 삶으로 가져와 생각해보면 누구나 할 수 있는 생각인데 그런 생각을 하기 어렵다. 아이가 무언가 하기 싫다는 말을 할 때는 다음과 같은 말로 현재의 삶에 함께 공감해야 한다.

"아빠도 오늘 회사 가기 진짜 싫었다? 가는데 너무 피곤한 거야! 너희 반에 선생님 계시지? 아빠 회사에는 부장님이 계시거든. 잔소리가 많아서 아빠도 힘들었어!"

"오늘 엄마도 공부할 게 있었는데 정말 하기 싫더라. 그래서 아직 안 했어. 너무 하기 싫은데 우리 타이머 딱 30분만 맞추고 같이 공부할까?"

＊ 공부하는 엄마가 될 수 있는 간단한 팁

나처럼 어쩔 수 없이 공부해야 하는 상황이라면 자연스러운
대화가 가능하지만, 그렇지 않으면 함께 공부하는 환경을
의도적으로 만들자.

1. 민간자격증 따기

검색창에 '민간자격증 무료 강의'를 검색하면 많은 사이트를
찾을 수 있다. 자격증 발급 기관별로 사이트가 다양하다. 마음에
드는 사이트와 자격증, 예를 들어 바리스타 자격증, 캘리그라피,
어린이영어 지도사 자격증, 영어 동화구연 지도사 자격증,
보드게임 지도사 자격증 등을 선택하여 온라인 강의를 듣고
시험을 보면 자격증이 발급된다. 우리 집 아이들은 종이접기
자격증을, 나는 NIE(신문 활용 교육) 지도사 자격증을 딴 적이 있다.
아이와 함께 도전하고 성취하는 기쁨을 나누어보자.

2. 책 10쪽 읽기

책 한 권을 정하고 10쪽 읽기에 도전해보자. 10쪽이라고 해봐야
5장이므로 큰 부담이 없을 것 같지만, 꾸준히 하기가 쉽지 않다.
"책 읽기 싫어. 그렇지만 우리 딱 5장만 읽자!" 아이에게 엄살도
피워보고 함께 책을 들고 소파에 누워서 봐도 좋다. 10쪽 읽기를
주 5일만 하면 한 달에 책 한 권을 읽을 수 있다. 팁으로 아이가
더 보고 싶다고 해도 그만 읽고 놀자고 해야 아이가 더 안달 난다.
10쪽 읽을 때마다 책에 날짜를 표시하는 재미도 쏠쏠하다.

버릇없는 아이에게 '옳고 그름'으로 대응하세요

"밥 먹어." "아, 지금 먹으려고 했어."

"양치했어?" "아, 지금 양치하려고 했다고."

아이 이름을 부르면 "아, 왜?" 하고 되묻는다. 아이들이 대들기 시작한다. "말투가 그게 뭐야!"라든가 "엄마가 뭐라고 했다고 화를 내니?"라고 하면 안 될 것 같다. "그래, 그렇구나."라고 대답해야 할 것만 같다. 아이가 자기변명을 하거나 말도 안 되는 말을 늘어놓으며 따져도 숨 한번 크게 쉬고 "그래, 그런 마음이구나." 하고 대답해야 할 것 같다. 그래야 좋은 엄마가 될 것 같다.

한 지인은 아이가 집 벽과 식탁 의자를 스케치북 삼아 그림을 그려놓았다고 했다. 왜 이렇게 했느냐고 혼내는 순간 아이가 "엄마가 내가 그린 그림을 보고 좋아할 줄 알았는데…."라고 하며 울먹였단다. 엄마가 좋아할 모습을 보고 뿌듯해할 자신의 모습을 상상했을 텐데, 아이가 실망하는 모습을 보니 마음이 좋지 않았다며 다음에는 칭찬해야 할지 고민이라고 내게 물었다.

3대가 몇 년 만에 함께 여행했다는 친구가 내게 고민 상담을 했다. 모든 가족이 함께하는 여행에서 막 초등 고학년이 된 아들이 식당만 가면 입을 뾰루퉁하게 내밀고 식사를 거부했다는 것이다. 메뉴가 마음에 들지 않는다는 것이 이유였단다.

"아, 먹기 싫다고. 먹기 싫은데 어떻게 먹으라는 거냐고!"

아이들은 지금 자신의 말이 맞고 틀렸는지가 중요하다. 아이들은 언제나 인정받고 싶고, 자신의 행동이 합당하다고 말하고 싶다. 아이들은 싸우면 앞뒤 다 자르고 자신에게 유리한 말만 한다. "얘가 먼저 그랬다고요!", "쟤 때문에 제가 그런 거라고요!"

어른들도 안다. 따지고 보면 아이들 말이 맞다. 아이들이 하는 말 중에 크게 틀린 말이 없다. 맞는 말만 족족 해대니 뭐라 할 말은 없고, 그래서 우리는 늘 태도를 지적한다.

"어디 지금 엄마한테 눈을 그렇게 뜨고 말하는 거야?"

"아빠한테 태도가 그게 뭐야!"

"말도 안 되는 소릴 하고 있어. 시끄러워!"

제대로 된 훈육은 되지 않고 감정싸움만 남는다. 아이는 아이대로, 어른은 어른대로 회복되지 않는 상처만 남기고 같은 일은 다음에 또 반복된다. 사회에 나오면 맞고 틀린 것보다는 옳고 그름이 기준이 될 때가 많다. 학교에서도 집에서도 아이들을 훈육할 때는 옳고 그름에 관한 이야기를 나누어야 한다.

"네 말은 맞아. 들어보니 맞는 말이야. 그런데 세상에는 맞고 틀린 것도 있지만 옳고 그른 것도 있어. 내 마음에 맞고 틀리고, 좋고 싫은 것이 있다면 당연히 맞고 좋은 것을 택해야겠지. 그런데 세상엔 옳은 것을 말하고 행동해야 할 때가 있어."

"옳은 선택을 하는 사람이면 좋겠어."

내가 먹고 싶지 않은 감정은 맞지만, 그것을 티 내고 타인을 불편하게 하는 것은 그르다. 많은 사람이 함께 먹는 식사 자리에서는 내가 먹고 싶지 않더라도 예의를 갖추고 앉아 다른 사람의 식사를 존중하는 것, 그리고 조용히 어른에게 내가 먹을 만한 다른 음식도 한 가지 부탁드려보는 것이 옳다.

그림을 그리고 싶어 집 벽이나 식탁 의자에 그린 것도 마찬가지다. 그리고 싶어 그린 마음은 맞겠지만, 다른 사람들과 함께 사용하는 물건에 그리는 것은 옳지 않다. 집의 벽과 식탁 의자는 아이의 것만이 아니다. 다른 사람과 함께 사용하는 물건이기에 옳지 않다는 것을 알려주어야 한다.

집에서는 괜찮지 않냐는 시각도 맞지만 옳지는 않다. 가정은 단체생활과 사회생활의 가장 작은 단위다. "집에서 새는 바가지는 들에 가도 샌다."는 말이 있다. 가정에서부터 단체생활을 시작해야 한다. 사회생활은 가정에서부터 만들어진다. 보통 단체생활을 어린이집이나 학교에서부터 시작한다고 생각하는 부모님들을 만난다. 절대 그렇지 않다. 집에서부터 시작되지 않는 행동은 다른 곳에서도 시작될 수 없다.

타인을 보고 이상한 옷을 입었다고 생각할 수도 있다. 아이가 삿대질하며 "이상한 옷을 입었네!"라고 소리 치면 맞는 말일 수도 있지만, 옳은 행동은 아니다. 정성스럽게 만든 음식이 누군가에게는 간이 안 맞을 수도 있다. "너무 짜!"라고 한다면 물론 맞는 말이지만 "고마워! 정말 맛있네!" 하고 옳은 말을 해주면 좋겠다. 아이에게 맞고 틀림과 옳고 그름에 대해 말해주면 좋겠다.

"아, 먹기 싫다고. 먹기 싫은데 어떻게 먹으라는 거냐고."

"그래. 먹기 싫은 것을 억지로 먹을 수는 없어. 그렇지만 다 함께 있는 자리에서 네가 먹고 싶은 것만 먹겠다고 하는 이런 태도는 옳지 않은 것 같다."

옳고 그름의 가치를 분명하게 가르쳐주어야 할 상황에서 아이에게 휘둘리지 않아야 한다. 겉으로는 얼핏 민주적이고 좋은 엄마, 아빠처럼 보이는 부모들이 있다. 스웨덴의 정신의학자이자 여섯 아이의 아버지인 다비드 에버하르드David Eberhard는 《아이들은 어떻게 권력을 잡았나》라는 책에서 이렇게 말했다. 아이를 훈육하고 얻게 될 죄책감을 지지 않으려고 아무것도 하지 않고 보기만 하는 부모는 아이들을 무력한 어른으로 자라게 할 위험이 있다고 말이다.

프랑스에 와서 느낀 것은 조용함이다. 마트에서도 식당에서도 아무 소리도 들리지 않을 만큼 조용할 때가 있다. 마트에서는 카트 바퀴가 굴러가는 소리만 들리고, 식당에서는 모두가 대화하며 느긋하게 식사하지만 말소리가 잘 들리지 않는다. 아이들이 많이 있어도 말이다(유명 관광지는 사정이 다르겠지만). 아이의 말을 잘 들어주고, 대화하고, 경청하지만 그 목소리가 조금만 커지면 부모들은 "쉿!!!!!!!!!!!!!!!!!!!!!!!!!!!!" 하고 아주 강하게 아이의 목소리 크기를 낮춘다. 아이의 이야기를 경청하면서도 명확하게 옳은 태도를 가르친다. 놀이터에서도 모든 부모가 아이들의 앞에 서서 아이의 놀이를 주시한다. 그른 행동을 할 때는 지체없이 제지하고, 예의를 가르친다. 넓은 수영장에서도 부모가 이름을 부르면 바로 달려와 부모의 앞에 서서 이야기를 듣고 다시 수영하러 돌아가는 형제를 보았다. 몇몇 사례로 일반화할 수는 없겠지만 '예의가 바른 아이'들 곁에는 '예의를 가르치는 엄한 부모'의 모습을 자주 본다.

"들어보니 네 말도 맞지만, 지금은 그것을 들어줄 수 있는 상황이 아니야. 옳지 않은 것 같네."

"그게 네 기준에는 맞다고 생각되겠지만, 밖으로 표현하는 건 옳지 않은 행동이야."

"하고 싶은 것을 하고 싶겠지만, 다 같이 있는 상황에서 그건 옳지 못해."

"싫은데 어떻게 하냐고 했지? 하지만 지금은 하는 것이 옳아."

"네가 말하는 것을 잘 들어주고 싶은데, 공공장소에서 이렇게 크게 말하는 것은 옳지 않아. 다른 사람들을 신경 쓰게 되어서 엄마가 네 이야기에 집중할 수 없어. 작은 목소리로 엄마한테 말해줄래?"

맞고 틀린 것을 기준으로 삼는 아이에게 옳고 그름의 기준을 알려주어야 한다. 네 말이 맞고, 네 말이 틀린 것이 없어도 옳고 그름에 위배되면 알려주고 가르쳐야 한다. 그것은 비난이 되어서도 안 되고, 화가 되어서도 안 된다. 스스로 행동을 선택할 때 맞고 틀림보다 옳고 그름을 기준으로 생각할 수 있도록 가르쳐야 한다.

"엄마는 네가 옳은 선택을 하는 사람이 되면 좋겠어. 친구를 위해서도, 가족을 위해서도."

권위에 근거한 논증은 기막히게 먹힙니다

"선생님, 제가 말하면 안 들어요. 선생님께서 꼭 좀 저희 아이에게 말씀해주세요."

상담하면 가장 많이 받는 부탁 중에 하나다. 똑같은 이야기를 엄마가 하면 잔소리로 듣고, 선생님이 말해주면 법처럼 지킨다는 것이다. 나는 학교에서는 선생님이지만 우리 아이는 내 말을 안 듣는다. 같은 이야기를 수없이 해도 안 믿던 것을 선생님이 말씀해주시면 믿는다. 아이러니하다.

이것을 좀 더 어렵게 설명하자면 '권위에 근거한 논증'이라 표현할 수 있다. 앤서니 웨스턴Anthony Weston의 《논증의 기술》에 따르면 사람들을 설득하기 위해서 여러 가지 조건들이 있지만, 그중에 하나가

권위에 근거한 논증이라고 말한다. 정보의 원천을 밝히고 사람들을 설득할 수 있는 근거를 제시해야 한다. 권위 있는 저서의 근거를 들고 나면 내 말이 좀 더 설득력을 갖추게 된다.

산타할아버지가 집에 몇 번 오려다 못 오고, 요정은 아이들이 잘 때 집을 방문하고, 도깨비와 통화를 몇 번 하면 아이가 귀신같이 말을 잘 듣던 시기는 금방 지나간다. 초등학생이 되면 도깨비는 동화 속에나 나오는 그림이고, 산타할아버지는 존재가 의심스러운 사람이 된다. 아이들에게 합리적인 근거를 제시하지 않으면 "에이~~" 하는 소리나 듣게 된다는 말이다.

"빨리 자야 키가 크지! 엄마 말 들으면 자다가도 떡이 생겨. 빨리 자!"

"자꾸 그렇게 게임만 하면 머리 나빠진다. 그만해."

"그게 중독이야, 중독! 빨리 꺼!"

아무리 말해도 아이들이 머리가 크면 듣지 않는다. 아이들이 자라면 그에 따라 우리의 대화법도 달라져야 한다. 바로 권위에 근거한 논증을 시작할 때다. 첫째가 글을 읽기 시작하고, 내 말에 합리적인 의심을 하기 시작했다. "나 저기 무지개 끝에 있는 마을에 가서 살고 싶어. 그러면 무지개를 만질 수 있잖아!"라고 말하는 둘째에게 첫째가 답했다. "야. 무지개는 그냥 현상이야. 너 거기 가도 못 만져!"

둘째가 "나 점프해서 하늘에 있는 구름까지 닿을 거야!"라고 하면 첫째는 "야. 사람은 아무리 뛰어도 하늘까지는 못 가. 그리고 구름은 만질 수도 없어."라고 말한다. 이런 첫째에게 너 그렇게 하면 산타할아버지가 안 오신다는 둥, 요정이 너 다 보고 체크한다는 둥, 엄마 말을 잘 들어야 한다는 둥 근거 없는 이야기를 하면 오히려 신뢰만 잃고 만다.

"잠자기 전에 빛을 보지 않아야 성장호르몬이 바로 나온대."

나는 아이에게 우기고, 화내고, 혼내는 대신 나보다 권위 있는 사람들의 말을 들려주기 시작했다. 성장호르몬이 밤에 나오기 때문에 일찍 자야 하는 이유에 관한 기사, 밥을 입안에서 꼭꼭 씹어 삼켜야 하는 과학적인 이유, 게임이나 TV 중독에 관한 뇌과학 관련 기사, 로션을 잘 바르지 않아 건조해지는 피부 트러블의 악화 과정 등에 관해 기사를 찾아 보여주고, 책을 찾아 읽어주고, 이해하기 쉽게 설명했다.

밤에 일찍 자기 싫다고 하는 아이에게 말했다.

"그거 알아? 키를 크게 하는 호르몬은 밤에, 그것도 우리가 잘 때 가장 많이 나온대. 그걸 성장호르몬이라고 부른다고 하더라고. 그래서 그때 자고 있지 않으면, 성장호르몬이 많이 나오려다가 '어? 아직 안 자네?' 하고서 조금밖에 나오지 않는다는 거야. 게다가 빛이 있으면 '너 아직 안 자는구나!' 하고 일하지 않고 말이야. 핸드폰이나 TV 화면이 엄청 눈부시잖아. 잠들기 1~2시간 전부터 그런 빛을 보지 않아야 성장호르몬이 '이제 자려고 그러나? 그럼 나도 슬슬 일할 준비를 해야겠다.' 하고 생각해서 잠들면 바로 일을 시작한대. 그럼 키가 많이 자라겠지?

그런데 자기 직전까지 TV를 보거나 핸드폰을 보다가 불 끄고 자면 그제야 성장호르몬이 일할 준비를 시작할 거잖아. 그럼 성장호르몬이 일할 시간이 그만큼 줄어들겠지! 키가 많이 크고 싶다면 엄마가 방법을 알려줬으니까 참고해 봐. 잘 때 나오는 멜라토닌이라는 호르몬이 많아야 성장호르몬에 좋대. 키가 크는 것은 오로지 네가 잠을 푹 자야만 가능한 것이기 때문에 엄마가 도와줄 수 없어. 네가 참고해서 잠드는 시간을 잘 정해 봐!"

음식을 꼭꼭 씹어 삼키지 않는 아이에게 말했다.

"우리가 음식을 먹으면 배 속에 들어가서 눈에 안 보일 만큼 작게 잘리고, 소화되어서 영양소가 되거든. 이 영양소가 키를 크게 해주고, 우리 몸을 튼튼하게 해줘. 그런데 밥이나 빵, 고구마 같은 탄수화물이 영양소가 되도록 도와주는 '효소'라고 하는 것이 우리 침 속에 많대. 그래서 이로 꼭꼭 잘 깨물어서 작게 만들고, 침 속 효소로 영양소가 되도록 해야 하는데, 만약 잘 안 씹고 꿀떡 삼키면 어떻게 될까? 배 속으로 그냥 들어가겠지! 영양소가 되지 못해서 우리 몸을 튼튼하게 해주지 못해.

고기를 생각해 봐. 이로 꼭꼭 씹어서 아주 작게 만들어서 배 속으로 보내야 해. 그래야 위라는 곳에서 영양소로 바꿔주거든. 그런데 우리 몸속에 치아처럼 단단하게 잘라주는 기능을 하는 곳은 없잖아! 생각해 봐. 배 속에 치아가 있으면 안 되겠지? 그냥 들어간 음식은 영양소가 되지도 못하고, 배 속에 오랫동안 있다가 막 썩는 것처럼 이상한 냄새가 나게 될 거야. 음식물 쓰레기를 하루만 놔둬도 냄새나잖아. 음식을 치아로 잘라주지 않으면 영양소가 되지 못해서 몸속에서 오래 머물다가 결국 방귀 냄새도, 똥 냄새도 아주 지독해지겠지!

엄마가 가위로 아주 작게 잘라주거나 아예 믹서기로 갈아주면 참 좋은데, 또 그러지 못하는 이유가 있어. 우리 치아는 뇌 신경이랑 아주 많이 연결되어 있대! 그래서 이가 없는 아기들은 생각 주머니가 작아. 아기였을 때 기억 안 나지? 또 치아가 없는 할머니 할아버지들이 많이 깜빡깜빡하시는데, 그게 치아가 없어서 그렇다는 이야기도 있어. 엄마는 너의 생각 주머니를 키워주어야 하거든! 그러면 치아로 꼭꼭 많이 씹도록 도와줘야 해서 어쩔 수가 없어. 너의 몸과 너의 뇌를 생각해서 얼마나 씹어야 할까 생각해 봐. 잘 씹기만 해도 똑똑해지고, 건강도 좋아진다는데 얼마나 좋아!"

게임이나 핸드폰을 지나치게 많이 하는 아이에게는 이렇게 말해 줄 수 있다.

"귤이 너무 달아서 귤 먹다가 멜론 먹으니까, 멜론이 하나도 맛이 없지? 진짜 무서운 청룡열차를 타고 오면 바이킹도 시시해질 거야. 게임이나 스마트폰도 마찬가지다? 사실 엄마도 게임이나 스마트폰이 진짜 재밌다는 걸 알고 있어. 그래서 엄마는 하지 않아. 왜냐하면 엄마가 만약 게임을 하면 중독될 것 같거든. 너무 단 귤을 먹으면 그것보다 더 단 콜라를 마셔야만 달다고 느껴. 청룡열차보다 더 무서운 걸 타야 무섭다고 느끼겠지. 게임이나 스마트폰보다 더 재미있는 걸 찾아야 하는데 지금까진 없는 것 같아.

사람들은 즐거우면 좋잖아. 그래서 늘 즐거워지려고 하는데, 게임을 하니까 너무 즐거운 거야. 그런데 그것보다 더 재밌는 게 없으니까 계속 게임을 하겠지. 문제는 게임이 뇌의 한 부분만을 발달시켜서 우리가 살아가는 데 문제가 생긴대. 다양한 것을 보고 느끼고 생각하면서 뇌가 고루 발달해야 하는데, 게임을 하는 데만 집중하면 뇌가 골고루 발달할 수 없어. 이런 걸 조금 어려운 말로 '뇌의 단편화'라고 하고. 지금 이 시기에 뇌에 게임 자극을 많이 주게 되면, 어른이 되어서도 계속 게임을 해야 즐거워져. 중독되는 거지.

뇌가 다 자란 어른은 조절력도 생기고, 어떤 것이 나쁜지도 잘 파악할 수 있어서 어른이 되어서 게임을 하는 것은 나쁘지 않을 것 같아. 그렇지만 지금은 뇌가 자라고 있는 시기니까 게임처럼 너무 강한 자극을 먼저 맛보면, 그 어떤 것도 재미없어서 배울 수가 없어. 우리 더 재밌고 좋은 것을 배울 기회를 남겨두자. 네가 게임을 좋아하는 걸 엄마는 알아. 그래서 아예 하지 말라고는 못 하겠어. 그렇지만 앞으로 평생 1시간씩 할 수 있다고 생각해봐. 하루에 1시간은 게임하고, 나머지 시간은 또 다른 즐거운 것들로 채워보는 건 어때?"

샤워 후에 로션을 잘 바르지 않는 아이에게 말했다.

"식빵을 밖에 놔두면 어떻게 되는지 알아? 맞아. 마르지. 젖은 빨래를 널어두면 어떻게 되지? 맞아. 빨래도 마르지. 우리 피부는 어떨까? 보이진 않지만 우리 피부에도 수분이라고 물이 있거든. 그런데 그냥 놔두면 빵이 마르듯이 피부가 말라. 빵이 마르면 어떻게 돼? 우리가 손으로 살짝만 만져도 빵가루가 나오지! 딱딱하게 변하고 말이야. 우리 피부도 수분이 부족하면 살짝만 스쳐도 자극되어서 피부가 상해. 피부가 약해지고 가려워지고, 나중에는 피부가 빨갛게 변해. 자꾸만 자극하면 피도 난단 말이야. 너 저번에 입술 튼 것 기억나? 너무 아팠지! 그런데 립밤 바르니까 괜찮아졌잖아. 로션도 립밤 같은 역할을 해. 우리 몸의 수분이 날아가지 않도록 도와주는 역할을 해. 로션을 피부에 바르면, 수분이 날아가고 싶은데 로션 때문에 못 날아가서 계속 촉촉한 거야. 로션 바르면 좀 불편하잖아. 그런데 엄마는 아픈 것보다는 잠깐 불편한 게 나을 것 같아. 지금 엄마 손 엄청나게 거칠지? 한쪽에만 로션 바르고, 1시간 뒤에 피부가 어떻게 다른지 한번 보자! 네가 발라줘."

물론 한번 알려준다고 해서 바로 고쳐지는 것은 아니지만, 아무 근거 없이 잔소리처럼 해대는 말보다는 언제나 효과가 있다.

용기를 북돋는 말은 해주지 않아도 됩니다

야생에 풀어놓은 척하는 나의 방관육아가 인턴십 정도였다면, 프랑스 육아는 그야말로 날것 그대로의 야생육아다. 나름 방관맘으로 모르는 사람은 몰라도 아는 사람은 아는 내게, 방관육아라면 자신 있던 내게 큰아이의 선생님이 "어머니는 걱정이 너무 많으세요."라고 했다. 인도 엄마도, 러시아 엄마도, 스페인 엄마도 내게 프랑스 육아는 너무하지 않느냐는 말을 해왔다. 진짜 야생육아가 시작되었다.

넘어야 할 가장 큰 산은 겨우 만 8살이 된 아이의 4박 5일 수학여행이었다. 아이에게는 "학교에서 하는 활동이니 당연히 참석해야지. 엄마가 도와줄 수 없어."라고 했지만 속으로는 전날까지도 아이가 아프다고 하고 보내지 말까를 수천 번 고민했다.

얼마나 긴장했는지 아이가 여행을 떠나는 날 아침에 아이를 내려 주고 다시 주차장에 가보니 차 뒷문을 닫지 않은 채 아이를 데려다주 었다는 사실을 알게 되었다. 모자를 집에서 가져오지 않았다는 아이 의 말에 너무 당황해서 근처 마트에 모자를 사러 갔다가 사고가 날 뻔 하기도 했다.

아이에게 "잘할 수 있어!"라고 용기를 붙여넣는 대신 "실패해도 괜찮아."라는 이야기를 해주었다. 아이의 짐을 챙기며 "잃어버리지 않 게 잘 챙겨."라는 말 대신 이렇게 이야기해주었다. "다 잃어버려도 괜 찮으니, 혹시라도 물건을 잃어버리면 찾는 것 때문에 걱정하지 않아 도 돼. 너만 몸 건강하게 안 다치고 오면 돼." 아이가 4박 5일 가족과 떨어져 있는 것만으로도 불안해할 수도 있겠다는 걱정에서였다.

"잘 갔다 올 수 있을 거야. 씩씩하고 용감하니 잘할 수 있을 거 야."라는 말 대신 이야기했다. "못하겠으면 선생님께 전화해달라고 부 탁해. 엄마, 아빠가 바로 데리러 갈게. 엄마, 아빠가 금방 데리러 갈 수 있어. 그러니까 걱정하지 말고 우선 가보고 괜찮을 것 같으면 있고, 그렇지 않으면 그만해도 괜찮아!" 실패해도 괜찮다는 말을 해주자 아 이는 오히려 안심하는 듯했다. 오히려 도전해볼 용기를 가졌다.

화요일에 떠난 아이가 토요일 아침이 되어서야 돌아왔다. 선생님 께서 보내주신 사진 몇 장이 연락의 전부였던지라, 어떻게 지내고 왔 을지 며칠을 걱정하며 지냈다. 여행지에서 선생님으로부터 도착한 여 러 장의 사진 속에 일기 쓰는 아이의 모습도 있었다. 말이 통하지 않는 아이가 외로움을 달래는 모습 같아 딴에는 애처로워 보였지만, 선생님께서는 사진을 "Retour au calm(차분함으로의 회귀)"이라 표현하셨다. 뒤죽박죽 섞여 있을 캐리어를 예상했지만 예상은 보기 좋게 빗나갔다. 잘 정리한 여행 가방과 아이가 써온 일기장 속에서 4박 5일 동안의 마음을 읽었다. **엄마의 걱정에서 비롯된 부정적인 시선은 때론 엄마만의 착각이다.**

버스에서 내리자마자 선생님께서 내게 말씀하셨다. "아이가 프랑스 사람이 다 된 것처럼 정말 잘 지내고 왔어요. 같은 반에 한국 친구가 없어 선생님인 저도 걱정했는데 그럴 필요가 없었어요."

"실수해도 괜찮아."

아이에게 늘 용기를 붙여넣고 잘할 수 있다는 자신감을 심어주려 애썼다. "너라면 잘할 수 있을 거야!", "잘하고 와! 파이팅!"과 같은 말로 용기를 주려고 한다. 그렇지만 가끔은 아이에게 실패해도 괜찮다, 포기해도 언제든 돌아올 엄마, 아빠 품이 있다는 것을 알려주는 편이 더 용기가 된다는 것을 아이의 표정에서 알게 된다. 아이들은 부모에게 늘 잘하는 모습으로 칭찬받고 싶어 한다. 그렇지만 우리가 아이들에게 알려주어야 할 것은 실패하거나 실수하더라도 언제든 돌아갈 부모의 품이 있다는 사실이다.

"다 틀리고 와도 괜찮아! 그래도 네가 엄마의 소중한 딸인 것은 변함없어!"

"아들! 중간에 못 하겠으면 바로 포기하고 돌아와! 시도해본 것만으로 대단한 거야!"

나는 가끔 아이들이 무언가를 끝까지 해내지 못할까 봐 걱정하고, 조금의 어려움도 참아내지 못할까 봐 두렵다. 그렇지만 우리는 언제나 부모여야 한다. 아이들이 돌아올 울타리가 되어야 하고 쉼터가 되어야 한다. 아이를 채찍질하고 잘할 수 있도록 격려하고, 끝까지 포기하지 않게 하는 태도는 내가 아니더라도 가르쳐줄 사람이 많다. 학교에서는 선생님이, 사회에 나가서는 직장 상사가 있다. 또 일에 대한 성과로부터 아이가 스스로 느낄 성취감도 아이의 의욕을 북돋을 것이다. 그렇지만 아이가 실패했을 때, 끝까지 해내지 못했을 때, 틀렸을 때 돌아갈 곳은 부모의 품밖에 없다. 나는 실패와 실수가 자신들을 사랑하는 기준이 되지 않는다는 것을 계속 알려주고 싶다.

"못하겠으면 그만해. 괜찮아. 엄마가 있잖아!"

"힘들면 바로 그만둬! 아빠가 해결해줄게!"

이런 대단한 말이 아니어도 좋다. 우리가 하는 말에서 '잘'이라는 말을 빼고 나면 아이들에게 해줄 수 있는 말이 많아진다.

"잘 먹어." 대신 "다 못 먹어도 괜찮아."

"잘하고 와!" 대신 "못하면 어때? 못해도 괜찮아!"

아이와 대화할 때
정답은 중요하지 않아요

어깨까지 늘어뜨린 긴 노란 머리, 흙먼지가 가득 앉은 운동화, 의자에 기대 앉아 핸드폰을 붙들고 게임하고 있을 것만 같은 사춘기 소년이 학교 카페테리아에서 두꺼운 책을 읽는 모습이 낯설다. 옆을 돌아보면 반대쪽 테이블에도 책 읽는 아이가 있고, 길거리에서 시간을 보내며 책 읽는 아이가 있다. 프랑스에서는 흔하다.

생일파티에서 동생이 노는 것을 기다리며 시끄러운 상황에서도 책을 읽는 누나, 니스의 바닷가 절벽에 기대 앉아 체크무늬 쿠션을 책상 삼아 무언가를 쓰고 있는 아가씨, 파리의 길가 벤치에 앉아 글을 쓰는 아이가 낯설다. 남편 회사에서 열린 환영파티에 온 아이가 나와 눈을 맞추며 질문에 또박또박 대답하는 모습이 대견하고, 공원에 돗자리를 깔고 앉아 가족들이 함께 책을 읽고 보드게임을 하는 모습이 낯설다. 책을 읽고, 서로의 생각을 이야기하고, 함께 대화하는 모습이 부러웠다.

프랑스에서 한국어가 그리워 SBS '그해 우리는'이라는 드라마를 챙겨보았다. 한국에선 당연히 웃어넘기던 장면이 이곳에 오니 갑자기 불편하게 느껴졌다. 공부 좀 한다는 주인공이 수업 종이 울리자 새침한 표정으로 손을 들고 "선생님, 질문 있어요."라고 했다. 주변 아이들은 그 모습을 잘난 체하는 것으로 바라본다.

사회적 분위기를 만들어나가는 일은 가정에서부터 시작해야 한다. 어른의 역할은 아이들의 말에 귀를 기울이고, 안물안궁('안 물어봤어. 안 궁금해'의 줄임말), 설명충(설명이 많은 사람을 속되게 이르는 말)과 같은 문화가 잘못되었다고 가르치는 것이다. 생각을 말하고 나누기에 주저함이 없고, 서로 대화하고 지식을 나누는 모습이 자연스럽고 당연한 사회를 만들어야 한다. 학교에서도 선생님께 질문하고, 친구들과 지식을 나누고, 책을 읽는 모습이 자연스럽고 당연한 모습인 문화를 만들어가야 한다. 프랑스에 와서 비위생적인 공중화장실에 갔다가 어찌하여 여기가 선진국인가 했는데, 선진국의 표지는 겉으로 보이는 모습에 있지 않았다.

아이들은 책을 읽고, 생각을 말하고, 그것이 틀린 말이라 할지라도 자유롭고 자연스럽게 이야기할 수 있어야 한다. 그것은 네 '말'이 틀린 것이지, '네'가 틀리지 않았음을 알려주는 것에서부터 시작되어야 한다.

프랑스의 교육 과정은 답답하고, 체계가 없다. 하지만 분명 배워야 할 점은 있다. 우리 아이들은 불어도 영어도 잘 못해서 불어보충반, 언어보충반에서 1년간 공부했다고 했다. 정규과정반에 들어가려면 수행평가 결과가 좋아야 하고 선생님의 재량으로도 가능하다. 아이가 수업 시간에 어떤 태도를 보이는가가 주 평가 요소가 된다. 정답은 알지만 표현하지 않고, 수업에 소극적인 아이는 정규과정반에 갈 수 없다. 그러나 틀린 답이라도 수업 중에 대답하고, 발표하고, 교사와 적극적으로 소통한다면 아이는 정규과정반으로 올라갈 수 있다.

예를 들면 이런 일이 있었다. 두 아이를 데리고 하교하는 길에 첫째의 영어 선생님을 만났다. 선생님께서는 둘째가 쉬는 시간에 자신을 보고 달려와 아는 체하며 영어로 "My sister is your teacher(우리 언니의 학생이군요)!"라고 하며 말을 걸어왔다고 하셨다. 그게 너무 귀여워서 한참을 웃었다 하신다. '우리 언니의 선생님이시군요!'라고 하고 싶었을 텐데, 엉뚱한 문장으로 선생님을 웃겼다 하신다. 집에 돌아와 남편에게 에피소드를 들려주자, 옆에 있던 첫째가 그건 틀린 문장이라고 지적했다. 우리는 외국인이 아니기에, 틀리더라도 선생님께서는 다 알아들어주신다는 이야기를 나누었다. 그리고 그렇게 말해야 선생님께서 고쳐주실 기회가 생기고, 너도 고칠 기회가 생긴다는 것도 말이다. 둘째가 실수를 통해 배워나가는 자세를 첫째도 가졌으면 했다.

영어나 불어를 완벽하게 해야만 정규반에 갈 수 있는 것이 아니라 네가 '배울 준비가 된 태도'를 보인 아이라면 정규반에 갈 수 있음을 알려주었다. 3 곱하기 6은 얼마냐고 영어나 불어로 물었을 때, 15라고 대답하면 틀린 답이지만 선생님은 틀린 것보다 15를 그 언어로 말할 수 있는 아이라고 생각하실 것이고, 그러면 정규반에 가서 3 곱하기 6은 18이라는 것을 배울 수 있는 아이라고 생각하실 거라 일러두었다. 틀릴까봐 아무 말도 하지 않고 있다면, 네가 무엇을 알고 있는지 모르시기 때문에 선생님께서 판단하실 수 없다고 말이다. 배우러 간 너에게는 배우려는 태도와 의지가 중요한 것이지, 맞고 틀린 것은 중요하지 않다는 사실도 말해주었다.

책을 읽고 이해하고 필기시험에서 좋은 성적을 얻는다고 하더라도, 수업 시간에 소통하지 않으면 정규과정반에 갈 수 없다는 것이 선생님의 말씀이었다. 첫째는 단어도 열심히 공부해서 매번 시험에서 좋은 점수를 받고, 한국의 초등학생용 어학 문제집도 잘 풀어서 내 딴에는 영어를 잘하는구나 싶었지만 내 착각이었다.

나는 아이의 소풍을 따라가 아이의 친구들에게 우스꽝스러운 프랑스어를 자신 있게 말하고, 묻고, 배웠다. 아이의 숙제를 들고 근처 빵집으로 찾아가 커피와 빵을 시키고 앉아서 기다렸다. 빵집에 들어오는 중고등학생쯤 되어 보이는 아이들이 들어올 때까지 말이다. 나는 대뜸 가서 미안하지만 나는 불어를 모르니 우리 딸의 숙제를 잠시만 도와줄 수 있겠느냐 물었다. 물론 아는 불어 단어를 엉뚱하게 섞어서 말이다. 그렇게 부탁하고서 나는 자리를 비켜주었다. 아이가 스스로 질문하고 말할 기회를 만들어주었다. 정말 감사하게도 딸이 숙제를 해결할 방법을 알려주었다.

커피숍에 가면 말도 안 되는 불어로 내 커피를 주문하고 아이의 음료는 아이가 주문하도록 했다. 엉뚱한 나의 불어도 잘 들어주는 것을 보고 아이도 용기 내어 주문했다. 아이가 숫자를 배워왔다고 하면 나는 아이를 데리고 빵집에 찾아가 "바게트 하나랑 크루아상 3개만 주문해줘." 하고 부탁했다. 아이가 학교에서 배운 숫자를 말할 수 있도록 말이다.

"너의 말은 틀렸지만, 너는 틀리지 않았어."

정답을 맞히고, 정답을 말하는 것은 중요하지 않다. 아이가 생각을 표현하고, 누군가에게 "그것은 틀렸어."라는 말을 들었을 때 다른 방향으로 생각을 전환할 수 있는 태도는 부모가 배워서 아이에게 가르쳐주어야 한다.

내가 교사로서도 실수한 부분이 있다면 바로 이것이다. 아이들과 수업할 때, 정답을 말하는 아이는 수업을 잘 들은 것이고 그렇지 않은 아이는 수업을 듣지 않았다고 생각했다. 집에서도 아이들에게 공부를 가르쳐줄 때 "엄마가 말했잖아. 뭐 들었어?"라고 자주 말했다. 아이가 생각을 표현하고 말하는 것 자체는 관심이 없고 그저 정답만 말하기를 바랐다. 아이들과의 대화에서 정답을 말하는 것은 중요하지 않다는 것을 프랑스에서 배운다. 틀린 말을 할지라도, 아이는 틀리지 않았다.

땀도 눈물도 많이 흘려야 자랍니다

신혼 초에 시어머니와 작은 마음의 차이로 속상했던 시절, 시댁에서 돌아와 남편에게 하소연했다. 남편의 첫 마디는 이랬다. "우리 엄마 그런 사람 아니야. 네가 오해한 거야.", "내가 그럼 거짓말이라도 한다는 거야?" 이렇게 시작된 우리의 대화는 결국 싸움으로 끝났다. 친정에 가기로 약속했던 날, 갑자기 시댁 행사에 오라고 하신 시어머니에게 남편은 "엄마라면 친정에 가야 하는데, 시댁에 갈 수 있으세요?"라며 단호하게 안 된다는 말로 전화를 끊었다. 그렇게 전화를 끊어버린 남편보다 오히려 내게 서운해하는 시어머니에게 남편은 계속 내 편을 들며 해결하려고 했다. 뒷수습은 내 몫이었다.

남편이 해결사 역할을 자처하며 문제를 해결하려고 하면 우리 부부는 큰 싸움이 나곤 했는데, 아이의 문제에서는 나도 남편과 똑같은 실수를 저지른다. 친구와의 관계에서 불편했던 일을 말하면 "아마 친구는 그런 마음이 아니었을 거야."와 같이 상대방의 마음을 이해시켜 아이가 마음을 풀기를 바라고, "네가 어떻게 했는데 그런 일이 생겼어?"와 같이 다정한 취조를 했다.

아이스크림을 들고 가다가 바닥에 떨어뜨린 아이에게 "으이그! 조심했어야지! 다 흘렸잖아! 거봐, 엄마가 걸어다니면서 먹지 말라고 그랬지! 어떡할 거야!"라고 하며 어설프게 해결해주려고 했다. "다 쏟았네. 조금밖에 못 먹었는데 떨어졌네. 못 먹어서 속상하겠다."라고 말하고 치우면 그만이다. 정말로 해결해줄 생각이라면 다시 사주면 되고, 그렇지 않으면 우는 아이에게 "그렇네. 못 먹어서 속상하겠네. 다음에는 조심해서 먹어."라고 하면 된다.

"속상하겠다. 정말로."

우리는 아이의 속상한 마음과 땅에 떨어진 아이스크림을 어떻게든 해결해주고 싶어 하지만 사실 우리가 해줄 수 있는 것은 없다. 시어머니와 나의 관계를 남편이 해결해줄 수 없는 것처럼 말이다. 속상한 마음을 들어주기만 하면 그만인데, 나머지는 내가 알아서 잘할 텐데 남편은 나서서 해결해주려다 일을 크게 만든다. 아이스크림을 흘려 속상한 아이 옆에서 화내는 나처럼 말이다.

"옷에 흘렸네. 옷이 젖어서 불편하겠다."
"인형을 잃어버렸어? 아끼는 건데, 없어져서 속상하겠네."

아이는 분명 울거나, 불편해서 계속 짜증 낼지도 모른다. 그럴 때
는 아무 말도 하지 않고 잠시 기다려주는 것도 좋다. 기분이 안 좋아
남편에게 조금 투덜거린 날이 있다. 그냥 넘어가주면 좋겠는데 그걸
가지고 따지고 들면 서운하고 화가 난다. 아이들도 마찬가지다. 조금
불편하거나 짜증 나는 상황에서 우는 아이 혹은 불평하는 아이를 조
금 바라봐주면 어떨까? 나는 가끔 **아이의 울음소리나 짜증 내는 소리,
기분 나쁜 표정을 참지 못할 때면 그 장면을 사진 찍거나, 마치 모르는
사람인 것처럼 주변을 서성이곤 했다.**

첫째를 키울 때는 없었던 여유가 둘째를 키울 때 생기는 이유는
이 시기가 금방 끝나리라는 것을 알기 때문이다. 그리고 이렇게 울고
불고 떼쓰는 시간이 얼마나 귀여운 시간이었는지도 알기 때문이다.
첫째를 키울 때는 떼쓰는 아이를 달래는 것이 우선이었고, 그것이 힘
들다고 생각했다. 아이들이 커서 몇 년 뒤에 보았을 때 웃음이 나는
사진은 우는 사진들이다. 이런 여유로 둘째를 키울 때는 콧구멍에 콧
물이 방울로 맺혀 있는 귀한 사진들, 사고 치고 떼쓰며 울고 있는 귀
한 사진을 건질 수 있었다. 아이의 울음을 해결해야 한다고 생각하지

말고 그냥 바라보고 추억이라 생각하며 웃어 넘겨보는 여유도 가져 보자.

"왜 울었어? 뭐가 속상했어? 이럴 때는 이렇게 말하는 거야. 따라 해 봐." 아이에게 이렇게 말하는 것도 매번 하면 지친다. 자꾸 반복하면 "엄마가 이렇게 말하라고 했잖아!!" 하고 소리치게 된다. 아이가 울고 있자 옆에서 바라보던 어르신들이 아이들은 몸에 물이 많아서 땀도 많이 흘려야 하고 눈물도 많이 흘려야 한다고 하셨다. 몸 안에 있는 물을 다 빼야 잠도 잘 잔다고 하셨는데, 가끔 그 말이 위로되곤 한다. 그래, 많이 뛰고 많이 울어라.

양보하고 싶지 않으면 안 해도 됩니다

"샤넬 가방 샀어? 나 그거 한번 빌려주면 안 돼?"

친구가 빌려주라고 하면 선뜻 빌려줄 수 있는 사람이 있을까 싶다. 가족도 못 빌려준다. 가방이 더러워진 것을 보고 친구가 실수로 그랬으니 괜찮다고 생각할 수 있는 어른은 몇 명이나 될까?

어른에게 명품 가방이 아이에게 장난감일 수 있다. 돈을 버는 어른들에게는 비싼 물건이 소중하고 귀하겠지만, 아이에게는 가격과 관계없이 내가 소중하다고 생각하는 물건은 모두 소중한 명품이다.

"친구가 빌려주라는데 한번 빌려줘. 양보도 잘하고 정말 착하네!" 라고 해야 할까? "내가 정말 아끼는 물건이라서 그건 빌려줄 수 없을 것 같아. 다른 것을 빌려줘도 될까?"라고 가르쳐야 할까? 아이의 소중한 물건을 명품 가방이라고 생각하면 양보하지 않는 아이의 모습이 이해된다. 아이에게 어떤 말을 해주어야 하는지 생각하지 않아도 해야 할 말이 생각난다.

양보를 강요하거나, 양보하지 않으면 나쁜 아이라고 단정 짓지 말아야 한다. 양보를 잘하면 착하고 잘 자란 아이이고, 그렇지 않으면 순하지 않은 아이라고 단정 짓지도 말아야 한다. 불과 몇 년 전까지만 해도 기저귀를 차고 걷다가 길에서 대변이 마려우면 바로 해결해버리고, 아무 데서나 배고프다고 울어대던 녀석들이 고작 몇 년 더 살았다고 타인을 배려하며 양보하기를 바라는 것은 욕심이다.

아이의 경계선을 확실하게 지켜주어야 안정감이 생긴다. 경계선을 두르는 일은 "그래. 그건 네 거야."라는 말에서 시작한다. 첫째가 거들떠보지도 않던 장난감을 둘째가 만지기 시작하자 첫째가 갑자기 화내며 싸움이 시작된다. 아직 어린 둘째가 소리 지르며 울기 시작하고, 첫째는 양보할 생각이 없다. "너 그거 평소에는 만지지도 않았잖아. 동생이 만지니까 갑자기 그래! 한번 빌려줘. 너 그거 가지고 놀지도 않잖아!" 그렇지만 분명한 것은 그 물건은 첫째의 것이다. 소유가 명확한 물건이라면 "그래. 그건 네 거야." 하고 인정해야 한다.

둘째의 서러움은 둘째가 감당해야 할 몫이다. 첫째에게 양보를 바라서는 안 된다. "동생에게 빌려주기 싫었구나." 공감만 해주고 있을 일이 아니다. 우리는 종종 첫째에게는 양보를, 둘째에게는 울음을 그치기를 바란다. 언제나 사이좋게 양보하며 지내기를 바란다. 하지만 다시 싸움이 일어나지 않도록 경계를 분명히 해주어야 한다.

"엄마 접시에 있는 음식은 엄마 거야!"

첫째가 돌 무렵, 호주의 한 놀이터에서 모래 놀이를 했다. 놀이터에는 공용의 모래 장난감이 가운데에 있었고, 아이들은 모두 필요한 만큼 가져가서 놀다가 다시 갖다 놓기를 반복했다. 같이 노는 아이들도 있었지만, 모두 각자 만들고 싶은 것을 만들고 놀았다. 형제자매들도 각자 따로 노는 모습이 인상적이었다. 이 상황만으로 모든 것을 일반화할 수는 없지만 내게는 양보의 개념을 새롭게 바라보게 된 계기가 되었다. 한국에서는 늘 "친구랑 같이 해 봐."라고 하거나 "친구도 하나 빌려줄까?"와 같은 말을 자주 하고 듣는다. 빌려주지 않는 아이는 이기적인 것처럼 느껴지고, 내 아이가 그렇다면 부끄럽고 화가 난다. 빌려주고 함께 놀기를 강요하게 된다.

식당에서도 아이들에게 음식을 나누어 먹기를 강요하지 않고, 음료를 함께 나누어 마시기를 강요하지 않는 몇몇 가족들을 보았다. 각자의 기호를 인정하고, 아이가 아무리 어리더라도 아이의 선택을 존중했다. 그리고 아이가 엄마의 접시에 있는 음식을 달라고 하자 "이건 엄마 거야."라고 거절하는 모습에서 적잖이 충격받았다. 아이의 선택을 존중하는 대신 타인의 경계를 넘지 않도록 가르쳤다.

둘째가 태어나면서부터 공간과 물건의 경계를 명확하게 구분 지어 주었다. 첫째에게 둘째가 만지지 않았으면 하는 물건들과 공유해도 되는 물건들을 나누게 했다. 색연필, 사인펜, 풀 등 소모품은 모두 2개씩 준비해 이름표를 붙여주었다. 글자를 모를 때는 색깔 스티커로 물건의 소유를 표시해주었고, 방 한편에 첫째만의 공간도 따로 만들어주었다. **둘째가 아무리 서럽게 울어도 첫째의 소유가 명확한 물건이라면 둘째가 울도록 내버려두었다.** 당장 살 수 없는 소모품인데 둘째가 언니 것을 빌려 쓰고 싶다고 하면 단호하게 안 된다고 했다. 소유를 명확하게 해주자 아이들은 오히려 더 배려하고 양보했다. 첫째가 자신의 풀을 찾지 못하면 둘째가 자신의 풀을 빌려주기도 했고, 서로의 물건을 쓰고 나면 고맙다는 말도 잊지 않았다.

아이들에게 양보를 강요하지 말자. 각자에게 부족함이 없을 때, 양보와 배려도 시작된다. 어른들은 서로를 위해 양보를 가르치지만, 아이들은 제 편을 들어주지 않는다고 생각한다. 내 것에 대해 충분히 인정받는 경험이 오히려 남의 것을 인정하는 태도로 이어진다.

"이건 네 것이고, 그건 네 것이 아니야."

아이가 좀 기다려도 괜찮아요

"왜 이렇게 보채는 거야? 엄마 지금 뭐 하고 있잖아. 기다려."

아이가 해달라고 하는 게 별것도 아닌데 화냈다. 내가 하는 것은 더 별것도 아닌데 화냈다. 아이는 기분이 나빠졌고, 나도 기분이 나빠졌지만 이내 미안함이 몰려왔다. 괜히 해주면서도 "거봐, 조금만 기다리면 되잖아! 기다리면 해줄 건데 왜 보채서 혼나고 그래!" 하고 아이를 더 혼냈다. 울음소리를 견디기 버거워 아이에게 짜증 내가며 해주었다.

어차피 해줄 것이고, 아이는 기다려야 하는 상황에서 나는 아이를 울리기를 택했다. "엄마 지금 바쁘니까 기다려줘."라고 했고, 아이는 당장 해달라고 울었다. 그러나 나는 울음소리를 들어가며 내 할 일을 마친 다음 "기다려줘서 고마워."라고 말하면서 그제야 해주었다. 몇 번의 울음이 반복되고 나서 아이는 더는 울지 않고 기다렸다. 나는 기꺼이 울음소리를 들어줄 마음이 있었는데 의외의 결과였다. 다만 우는 아이에게 할 일이 끝나면 해주겠다는 약속을 꼭 지켰는데, 아이는 기다림을 배운 것인지 울지 않았다. 첫째가 3살 무렵이었다. 둘째가 태어나고 돌이 되어 어느 정도 말귀를 알아듣게 되자 나는 둘째에게도 똑같이 기다리게 했는데 그 울음은 길게 가지 않았다. **아이의 감정을 내가 해결해줄 수 없기에 울도록 내버려두었더니 아이가 기다렸다.**

주말이면 늦잠을 자고 싶은데 아이들은 귀신같이 일찍 일어나 엄마를 깨운다. 소꿉놀이로 밥을 차려놓고 와서 자꾸 먹으라고 하고, 그림을 그리고 와서 보라고 하고, 그래도 안 일어나면 배고프다고 한다. 차려주면 먹지도 않을 거면서 말이다. 아이들에게 "조금만 있다가 일어날게.", "엄마 조금만 더 잘게."라고 말하는 대신 타이머를 맞추며 말했다.

"엄마가 지금 너무 졸려. 30분만 더 자고 일어날 거야."

아이들은 타이머를 보면서 30분을 기다린다. 나는 약속된 시각에 꼭 일어난다. 어떤 책에서는 아이의 요구사항을 바로 들어주어야 한다고 하고, 어떤 책에서는 만족 지연으로 아이에게 기다림을 가르쳐주어야 한다고 한다. 아이마다 다를 것이고, 부모의 성향마다 다를 것이다. 나는 설거지하다 고무장갑을 벗고 아이의 요구사항을 바로 들어줄 만큼 좋은 부모는 아니기에 아이에게 기다림을 가르치기로 했다. 아이가 울어도 나는 내 할 일을 했다. 일을 마치고 나면 옆에 서서 우는 아이에게 기다려줘서 고맙다고 했다.

"엄마 지금 바쁘니까 기다려."

아이가 아주 어릴 때는 아이의 요구사항을 바로바로 들어주어야 한다. 에릭슨의 심리사회적 발달단계에 따라 신뢰감이 자라는 만 1살 이전에는 아이의 요구사항을 신속, 정확하게 해결해주어야 한다. 영아기에는 울음으로 모든 것을 표현한다. 아이가 짜증이 많아지거나, 떼쓰는 일이 잦다면 요구사항을 신속하게 해결해주지 않았기 때문이다. 아이가 조금 크면 만족 지연도 가르쳐야 한다. 아이가 울음이 잦아지고 기다려줄 수 있다면 그렇게 계속하면 되고, 짜증이 도를 넘으면 요구사항을 먼저 들어주어야 한다. 이것이 괜찮아지면 다시 기다리기를 가르친다. 아이마다 발달단계가 다르고 성향도 다르기 때문에 속도를 조절하는 것이다.

첫째는 세 돌이 지나서야 울음을 그치고 기다려주었기에 그전까지는 설거지하다 고무장갑을 벗어야 했다. 둘째는 돌이 지난 시점부터 기다려주어서 빨리 할 수 있었다.

아이에게 기다려달라고 말하자. 뜻한 일이 계획대로 안 되면 화가 난다. 외출하기 전에 해야 할 일이 가득한 엄마에게 여기저기서 들려오는 "엄마!" 소리는 외출하기도 전부터 엄마를 지치게 한다. 문을 닫고 나가기 직전까지 빨래를 건조기에 넣고, 심지어 몇몇 빨래는 널고 나가야 하는데 중간중간 남편이 "여보!", 아이가 "엄마!" 하고 부르면 계획에 차질이 생긴다. 기다려달라고 말하고, 지금 상황을 정확하게 말해야 아이들이 안다. 얼마나 바쁜지 모르기에 아이들이 자기 일부터 해결해달라고 들들 볶는 것이다.

"엄마 지금 빨래 널고 있는데, 다 널고 갈게. 기다려줘."
"엄마 지금 설거지하는데 설거지 마치고 도와줄게. 잠시만."

엄마가 지금 바쁘다는 걸 눈으로 보기만 해도 알아주면 좋겠는데 아이들은 결코 모른다. 외출하기 전에 집 안을 말끔히 정리해놓고 나가고 싶은 엄마의 마음도 절대 모른다. 마음은 말하지 않으면 모른다. 아이들에게 엄마의 바쁜 상황을 설명해주고, 기다려달라고 말하자. 아이들은 충분히 기다려줄 수 있다. 그리고 약속을 꼭 지키면 된다. 언제나 화내는 우리를 용서하고 기다려주는 아이들이지 않나. 약속만 지킨다면 아이들은 언제고 우리를 기다려준다.

첫째의 이름은 '언니'가 아닙니다

"엄마, 선생님이 나한테 선생님이라고 부르지 말라고 하셨어."

이게 무슨 소린가. "이제부터 나 네 엄마 아니야. 나는 너 같은 딸 안 키워. 이제부터 엄마라고 부르지 마!"라고 소리치는 드라마의 한 장면이 떠오르며, 얘가 도대체 무슨 잘못을 했기에 선생님께서 그런 말씀을 하셨을까 심장이 내려앉았다.

"선생님 이름이 파스칼이니까 파스칼이라고 부르라고 하셨어."

우리가 회사원에게 "회사원" 하고 부르지 않고 화가에게 "화가" 하고 부르지 않듯, 직업이 아니라 이름으로 부르라는 뜻이었다.

"언니가 동생 기저귀 가는 것 좀 도와줄래?" 동생이 태어난 순간 나의 큰아이는 서윤에서 '언니'로 이름이 바뀌었다. "생일 축하합니다.

생일 축하합니다. 사랑하는 언니의 생일 축하합니다." 둘째를 품에 안고 첫째 생일에 노래를 불러주었다. 서윤이의 생일이 아닌 언니의 생일을 축하했다.

"며늘아기야." 시어머니는 평소엔 나를 "서윤애미야." 또는 "은아야."라고 부르시는데 "며늘아기야."라고 부르실 때는 내게 며느리로서 해야 할 도리를 말씀하고 싶으실 때다. "우리 딸", "우리 막둥이" 하고 부르다가도 아이의 이름을 크게 부를 때는 무언가 지시사항이 있다는 뜻이다. 부르는 이름에는 큰 의미가 담긴다.

"역시 **언니**는 다르네! 언니는 양보도 잘하고 대단해!"
"우아, **동생**인데도 양보하고 멋지다!"
"세상에! 우리 막둥이가 **오빠**보다 낫네!"

우리가 무심코 하는 칭찬이 아이에게 상처를 주기도 한다. 무의식중에 서열에 따라 아이들을 줄 세우고, 역할을 부여하고, 큰아이가 조금 져주어 싸움이 일어나지 않기를 바란다. 반대의 상황도 마찬가지다.

"엄마, 연수 너무 무섭게 혼내지 않았으면 좋겠어. 엄마가 너무 무섭게 혼내니까, 내가 연수한테 억울한 일이 생겨도 말을 못 하겠어. 자꾸 참게 돼."

첫째를 편들어준다고 했던 행동이 오히려 아이를 힘들게 했다. 둘째가 첫째에게 자꾸 대들고 때리려고 시늉하자 둘째를 데리고 현관 앞으로 가서 이런 딸은 못 키운다고, 언니한테 자꾸 그렇게 할 거면 나가라며 무섭게 아이를 혼냈다. 현관문을 열어주며 나가라고 소리치는 내 모습이, 감정 표현을 잘 못하는 첫째의 마음의 문을 더욱 닫게 했다. 이런 일이 있은 지 두어 달이나 지나서야 내게 말해왔다. 동생이 내게 혼날까 봐 그간 계속 져주고, 양보하고, 동생이 욕심내는 것들을 먼저 포기해버리는 장녀의 역할을 내가 만들고 있었다.

등굣길에 15분가량 되는 이 시간에 아이들과 자연스레 속 깊은 이야기를 나눈다. 다시 태어나면 뭐로 태어나고 싶으냐는 질문에 첫째는 "난 다시 나로 태어날 건데. 이유는 잘 몰라. 근데 나는 내가 좋아."라고 했다. 작년엔 시크릿쥬쥬로 태어나고 싶다는 둘째의 대답이 너무 귀여워서 올해는 얼마나 엉뚱하고 귀여운 대답을 내놓을까 하고 물었는데 아이의 대답에 마음이 쿵 내려앉았다. 제 언니로 태어나고 싶단다. 말발, 덩치, 달리기 그 무엇으로도 언니를 이길 수 없는 아이가 가끔 답답한 마음에 언니를 때리려 하면 혼냈다.

"때리는 건 흉내도 내서는 안 돼. 그건 나쁜 어린이가 하는 거야. 언니한테 그러면 못 써!"

둘째는 스스로 나쁜 어린이라 생각했다고 했다. "나는 나쁘니까 언니처럼 착하게 태어나고 싶어."라고 하는 아이의 말에 나는 아이들을 위한답시고 했던 모든 말로 아이들에게 상처를 주고 있었음을 깨달았다.

첫째가 입다 작아진 옷을 둘째에게 입힐 때마다 마음 한구석이 저릿하다. 아이들 어릴 때 사진을 보다, 사진 속 첫째의 얼굴을 가만히 들여다보면 미안한 마음에 코끝이 시큰해져 앨범을 서둘러 닫는다. 이렇게 어리고 작았구나 싶다. 첫째에게 새 옷을 사줄 때마다 '내가 이렇게 큰 옷을 사보네.' 하고 아이가 다 컸다고 생각했다. 그때 그 옷을 지금 입고 있는 둘째를 보니 '첫째가 이렇게 작고 어렸구나.' 하는 마음에 아쉬움이 남는다. 이렇게 작고 예쁜 아기였는데, 그때는 그게 왜 눈에 안 보였을까 싶어 마음이 저린다.

그런 첫째도 낯선 프랑스에 와 학교에 적응하기 무섭고 힘들었을 텐데, 학교에 가지 않겠다고 울며 소리 지르는 둘째 옆에서 내색도 못하고 묵묵히 학교에 갔다. 학교에서 잠시 마주친 첫째가 운동장 저편에서 눈물을 글썽이며 웃어 보이는 모습에 차라리 울고불고했으면 좋겠다 싶은 마음이 들었다. 나는 첫째가 내성적이고 표현을 잘 안 하는 아이라고 생각했는데, 내가 아이를 키울 때 너무 서툴러서 사랑으로 품지 못해서 그런 것 같다는 생각이 든다. 첫째가 둘째로 태어났으면 어땠을까? 둘째로 태어났다면 어리광도 부리고 투정도 부리고 짜증도 내면서 그렇게 크지 않았을까?

월수금은 네 의견대로, 화목토는 엄마 의견대로

나중에 커서 둘째가 지금의 첫째 옷을 입을 때, 또 얼마나 마음이 저릴까 싶다. 첫째와 둘째를 모두 아이로 생각하고 최대한 '언니'라는 말을 쓰지 않기로 했다. 두 아이를 모두 아이로 인정하고자 하는 마음이다. 첫째에게 역할을 부여하지 않겠다고 다짐했다.

언니, 오빠라는 호칭을 외국에서 설명할 때마다 우리나라 고유의 문화라는 생각이 든다. 길에서 만난 외국 아기에게 우리 아이들을 언니라고 소개해야 할지 누나라고 소개해야 할지 고민할 일은 없다. 내 아이도 이름으로 불리고, 그 아이도 이름으로 불린다. 아들인지 딸인지, 나이가 많은지 적은지 아무 상관이 없다. 장유유서長幼有序, 어른에 대한 예의는 갖추되 형제자매 사이에 역할을 주어서는 안 되겠다는 생각이 든다.

"언니니까 양보해야지."

언니라는 단어를 이름으로 바꿔보자. "서윤이니까 양보해야지."라고 바꾸면 전혀 말이 되지 않는 문장이라고 느껴진다. 첫째를 둘째의 부모가 되라고 낳은 것이 아니다. 그렇지만 부모 없이 둘만 있게 되는 상황에서 첫째가 둘째를 보호하는 모습이 너무 자연스럽다.

첫째는 이따금 달리기를 잘 못하는 둘째를 번쩍 들어 친구들이 잡기 놀이를 할 때 같이 껴서 놀게 해준다거나, 빗물에 신발이 젖을까 봐 물웅덩이 앞에서 둘째를 번쩍 들어 안고 길을 총총 건넌다. 낯선 프랑스 학교에서 급식 시간에 서로 만나 인사했다며 안도의 숨을 내쉬는 두 아이가 서로 의지하는 모습을 보면, 집에서 좀 싸워도 괜찮겠구나 싶다.

첫째에게는 언니, 둘째에게는 이름을 부르고 있었다는 사실을 알게 된 순간부터 굳이 '언니'라는 호칭을 쓰지 않아도 될 때는 이름을 부르기로 했다. 호칭을 바꾼 것만으로도 아이에게 큰 역할을 주지 않게 된다. 그러면서 아이들에게 각자의 날을 정했다. 월·수·금은 첫째의 날, 화·목·토는 둘째의 날, 일요일은 엄마와 아빠의 날이다.

언니니까 양보하고 참으라거나, 동생이니까 언니 말을 잘 들으라는 말을 하지 않게 되었다. 아이들이 서로 양보하고 배려하면 좋겠지만 어린아이들에게는 이타심보다는 이기심이 우선이다. 콜버그의 도덕성 발달단계에 따르면 아이들은 성장하고 뇌가 발달해야 도덕성도 함께 발달한다. **인지능력이 발달해야 도덕성도 함께 발달하므로 어린아이들에게 양보와 배려의 개념이 사실 어렵다.** 오히려 누나니까, 형이니까 양보해야 한다고 하면 동생 편만 드는 것처럼 느껴져 아이들 사이가 나빠지기도 한다.

아이의 이름을 많이 불러주자. 동생과 몇 살 차이 나지 않는 아직 작고 어린아이들에게 언니, 오빠, 형, 누나라는 호칭으로 어깨를 무겁게 하지 않아야 한다. 아이가 태어나고 몇 날 며칠을 고민해서 지은 이름이다. 동생들이 태어나기 전까지 아이는 소중한 존재 그 자체였다. 큰아이의 이름은 언니도 아니고 형도 아니다.

아이의 잠재된 능력을 이끌어내는 엄마의 말

"우리 서윤이는 애교쟁이지! 애교가 정말 많아!"

우리 첫째 딸을 아는 사람이라면 "진짜?" 하고 놀랄 일이다. 만 24개월인 첫째와 어린이집 준비물로 수저통과 낮잠 이불을 사러 갔더니, 캐릭터도 없는 스테인리스 수저 세트와 새하얀 무지 이불을 골랐다. "베이지색 같은 아이예요." 어린이집을 한 학기 다니고서 선생님께서 해주신 말씀이다. 검정 운동화를 신고 하얀 티셔츠에 청바지를 즐겨 입는, 그야말로 걸크러시가 어울리는 아이였다. 이런 아이에게 나는 애교쟁이라 말한다. 그러면 첫째는 묻는다. "내가 애교가 많아? 나도?"

첫째는 애교가 많았는데, 동생이 태어나면서 귀여움을 포기했다. 그와 동시에 애교도 포기한 것 같다. 어깨에 책임감만 잔뜩 이고 지고서는 언니다워지려고 했다. 누가 시킨 것도 아닌데 말이다(내가 시켰던 것 같다). '애교가 많은 우리 딸'이라고 말해주기를 1년, 첫째가 변하기 시작했다. 언제나 엄마 품을 동생에게 양보하던 아이가 내게 와서 안기기도 하고, 동생의 애교를 목석처럼 바라보던 아이가 동생을 안아주기 시작했다. 동생에게 뽀뽀 세례를 퍼붓고, 엄마, 아빠에게 "사랑해."라고 말하기 시작했다. 남편은 시도 때도 없이 아이들에게 "사랑해."라고 말했는데, 큰아이는 쑥스러워했다. 그런 아이가 무뚝뚝하기 그지없게 "나, 도, 사, 랑, 해."라 대답하기 시작하더니 어느 날부턴가 "엄마, 짜량해"라고 혀 짧은 소리를 내며 안기는 애교 많은 딸이 되었다.

자리가 사람을 만든다. 이 자리는 역할을 부여하는 말 한마디로도 만들어진다. 첫째를 '언니'라고 부르는 순간 아이는 저도 모르는 사이 언니가 되려 했고, 내가 '애교쟁이'라는 자리를 만들어주자 아이는 제 나이의 '아이'가 되었다. 우리가 우스갯소리로 말하는 K-장녀들은 그렇게 커온 것 아닐까 싶다. 애교부리고 싶고, 마냥 드러누워 떼쓰고 싶을 텐데 갑자기 태어난 동생이 그 자리를 뺏은 것이다. 다 큰 어른인 척하다 정말 어른이 되어버린 K-장녀 말이다.

아이들의 숨은 능력을 키워줄 때도 자리를 만들면 된다. 학교에서는 1년 동안 '별명'을 불러주어 아이들의 무한한 잠재력을 키워주었다. 아침에 아이들과 시 쓰기 활동을 했는데, 시 쓰기를 어려워하는 아이에게 '시 박사님'이라는 별명을 붙여주고 활동할 때마다 칭찬했더니 실제로 그리 잘 쓴 시가 아니었음에도 2학기에 정말 놀라울 만큼 예쁜 동시를 지어내 깜짝 놀랐다. 정리정돈을 잘 못하는 아이에게 '청소 왕'이라고 불렀다. 아이들이 "선생님, 쟤 청소 잘 못 해요!"라고 말하기를 한 달, 아이는 어느새 정리정돈을 잘하기 시작했다. 체육 시간만 되면 별나지는 우리 반 장난꾸러기에게 준비체조 반장을 시켰더니 체육 시간에 질서정연하게 아이들을 챙기며 준비했다.

아이들은 언제나 부모를 기쁘게 하고 싶다. 부모가 흘리듯 하는 이야기들을 기억했다가 기대에 부응하려 노력한다. 애교 부리기를 머뭇거리며 어른다워지려 노력하는 첫째에게는 아이다운 애교를, 언니처럼 무엇이든 꼼꼼하고 싶은 덜렁이 둘째에게는 '꼼꼼이'라는 칭찬을 한다. 자리와 역할을 주기만 해도 아이들은 잘하려 노력한다.

돈 드는 일도 아니고, 힘 드는 일도 아닌데 1년만 불러주면 그런 아이로 변한다는 것을 매년 아이들을 가르치며 알았다. "시를 잘 쓰려면 이렇게 해야지, 운율을 맞추고, 감각적인 표현을 써봐. 여기는 이렇게 줄여볼까? 여기는 이런 단어를 써보면 어때?" 하고 고쳐주고 지적할 필요 없다. "시 박사님!" 하고 불러주기만 해도 아이가 스스로 동시 박사님이 되었던 것처럼 말이다.

* 아이와 등굣길에 이야기해보세요!

아이들과 자연스레 속 깊은 이야기를 나눌 수 있는 질문들이다. 아이의 생각을 듣기만 하고, 이에 대한 조언이나 가르침은 절대 삼간다. 잔소리가 곁들여지면 다음에는 이야기하지 않거나 부모가 듣기에 좋은 이야기만 하게 된다. 아이의 말 속에서 마음 상태에 대한 힌트를 잘 찾아보자!

1. 다시 태어나면 뭐로 태어나고 싶어?
2. 가장 부러운 친구는 누구야? 어떤 점이 부러워?
3. 만약 네가 동생(언니/형/누나/오빠)(으)로 태어났다면 뭐가 제일 좋을 것 같아?
4. 오늘 아침에 언니랑 동생 역할을 바꿔봤잖아. 어땠어? 오후에도 계속해볼까?
5. 네가 엄마(언니/아빠/친구)가 된다면 어떤 엄마(언니/아빠/친구)가 되고 싶어?
6. 우리 집 강아지가 말할 수 있다면 어떤 말을 할 것 같아?
7. 텔레파시 게임을 해볼까? 수박이 좋아? 사과가 좋아? 하나, 둘, 셋!
8. 동화책《알사탕》읽어봤잖아. 너는 어떤 사탕이 있으면 좋을 것 같아?
9. 딱 하루, 갑자기 세상이 멈추고 너만 움직일 수 있다면 뭘 하고 싶어?
10. 읽어본 책 주인공 중에 누가 가장 행복한(불쌍한) 것 같아?

집중력 높은 아이를 만들려면 나가세요

"우리 아이는 학습만화를 볼 때나 레고를 하거나, 좋아하는 것을 할 때 보면 집중력이 정말 뛰어난 것 같은데, 공부할 때는 그렇지 못해요."

집중력은 '수동적 집중력'과 '능동적 집중력'으로 나누어진다. 수동적 집중력은 좋아하는 일을 할 때 집중하는 능력인데, 유튜브를 보거나 게임 할 때를 예로 들 수 있다. 노력하지 않아도 자연스레 가능한 것으로, 지속적인 재미와 강한 자극을 통해 유지되는 집중력은 사실 '가짜 집중력'이다. 좋아하는 일을 할 때 보이는 집중력을 통해 우리 아이가 집중력이 좋다고 생각하면 위험하다.

우리가 키워주어야 하는 집중력은 능동적 집중력이다. 자극이 약한 것에 몰두하여 문제를 해결해내는 집중력, 즉 학생들에게는 공부가 될 것이고 어른에게는 일이 될 것이다. 약한 자극만으로 어떤 일을 끝까지 해내려면 능동적 집중력이 대단히 필요한데, 어릴 때부터 서서히 키워주어야 한다. 자기주도학습은 중고등학생이 되어야 가능하다. 초등기에는 능동적 집중력을 키워주기 위해서 하기 싫은 것도 해내는 경험을 통해 성취감을 가르쳐야 한다. 그러려면 아이의 수준을 잘 파악하고, 부모가 그 과정에서 격려하고 이겨낼 수 있도록 도와야 한다.

방학을 맞아 아이들에게 매일 문제집 두세 권을 각각 2장씩 풀게 했다. 하루에 고작해야 6장 푸는 것을 첫째가 오전 내내 하는 것도 모자라 저녁까지 붙들고 있었다. 속이 터지고 울화통이 치밀어 올라 아이에게 좋은 말이 나오지 않았다. 한 문제 풀고 30분 놀고, 한 문제 풀고 30분 노는 아이를 보고 있노라니 단전에서부터 끌어 오르는 분노와 폭발이 터져나왔다. "야!!!!!!!!!!!!!!!!!!!" 하고 첫 마디를 내뱉자 뒷말이 터져나왔다. 사실 수도 없이 머릿속으로 되뇌던 말이다.

"하기 싫으면 하지 마. 다들 열심히 공부하고 학원도 가는데, 너는 집에서 이것도 안 풀면 어떻게 되겠어!"

"엄마 공부야? 네 공부 아니야? 그럼 네가 더 신경 써서 열심히 해야 하는 거 아니야?"

"지금 엄마가 시간 재봤어. 너 지금 의자에 앉은 지 30초 만에 엉덩이가 들썩거려."

"이거 작년 문제집이야. 복습인데 못 풀면 어떻게 해!"

"집중이 잘 안 되지? 우리 밖에 나가서 해보자!"

초등기 아이가 스스로 집중하며 무언가를 하길 바라는 것은 욕심이다. 어른들도 갖추기가 쉽지 않은 것이 능동적 집중력이다. 아이에게 말로만 "집중해라.", "딴짓하지 마라.", "딴생각하지 마라."라고 할 것이 아니라 집중할 수 있는 환경을 만들어주어야 한다.

아이와 문제집을 싸 들고 밖으로 나갔다. 집에는 아이의 집중을 방해하는 요소가 많았고, 나 또한 아이에게 집중할 수 있는 환경이 아니었다. 우리는 차 안으로, 마당으로, 빵집으로, 공원으로 문제집을 싸 들고 나가 정해진 시간에 마치고 집으로 돌아와 신나게 노는 것으로 남은 방학을 채웠다. 아이들이 말했다.

"아침에 공부 조금 하고 노니까 뿌듯하네?"
"나 신나게 노니까 문제집을 더 잘 풀 수 있을 것 같아. 내일 것 미리 풀어놓을래!"

학교에서는 아이들에게 책상 위에 필요한 것을 제외한 나머지를 서랍에 넣도록 한다. 집중을 잘 못하는 아이는 아예 사물함에 넣도록 한다. 교과서와 연필, 지우개만 올려놓고 시선을 빼앗는 것들을 시야에서 사라지게 한다. 책상이 정리된 상태에서 수업을 시작하기 전에 1분 명상을 함께 하며 마음을 정리하기도 한다. 마음을 비우는 것이다. 이렇게 해도 사실 40분 동안 온전히 수업에 집중하기 어렵다. 불가에서는 스님들도 발우공양을 시작할 때 탐심을 버리고 음식을 먹는 일에만 온전히 집중하는 수행을 하신다. 한 번에 한 가지를 집중하여 해내는 것이 쉽지 않다는 뜻이다. 먹는 것조차 말이다.

　　아이들이 집중할 수 없다면, 집중할 수 있는 환경을 만들어주고 집중력 있게 한 가지 일을 해내는 경험을 시켜주어야 한다. 이런 경험이 쌓여 온전히 능동적으로 집중할 수 있는 힘을 길러준다.

어른으로 대하면 어른으로 행동합니다

"선생님은 무섭긴 한데, 저희가 잘못했을 때만 혼내시니까 괜찮아요. 저희가 잘못한 건 혼나야죠. 그럴 때 말고는 진짜 좋아요! 저희가 해달라는 건 다 해주시고요. 수업도 진짜 재미있어요!"

아이들이 싸우지도 않고, 체육 시간에도 질서 정연하게 움직이고, 수업 태도마저 완벽했던 반에서 교생실습을 했다. 아이들에게 "담임선생님은 좀 무서우시다. 그렇지?" 하고 물었더니 돌아온 대답이었다. 당장 선생님에게 비결을 물었다. **아이들이 잘못한 일이 있을 때는 엄하게 혼내지만, 혼내는 것이 한 방에 먹히려면 평소에 자주 혼내면 안 된다고 하셨다.** 아이들에게 잘못을 가르쳐주기 위해서는 아이들과 관계를 잘 맺어야 하고, 엄할 때는 엄하게, 자상할 때는 자상하게 해야 한다고 하셨다. 넘어가도 될 일은 넘겨야 한다고도 하셨다.

내가 어릴 때도 요즘 아이들은 버릇없다고 했고, 내가 어른이 된 지금 MZ세대는 너무 다르다고 한다. 하지만 우리는 지금 우리 세대의 젊은 문화를 인정해주고, 함께하고, 존중하는 사람을 진정한 '어른'이라 부른다. 나는 어른이 되고 싶다.

MZ세대를 향해 끈적이지 않고 담백한 인간관계를 맺는다고 표현하는 어른이 있었다. 육아휴직이 없어서 교탁 밑에 아이를 눕혀놓고 수업했다며 지금은 시대가 좋아져서 다행이라고 말씀하는 어른도 있었다. 육아휴직에서 가장 중요한 것은 엄마의 건강이므로 아이를 꼭 기관에 보내고 엄마의 시간을 가져야 한다고 말하는 어른도 있었다.

아이들과 랩을 하는 선생님, 아이돌 춤을 연습해서 함께 추는 선생님, 쉬는 시간에 아이돌 노래를 틀고 함께 불러주는 선생님. 아이들은 이런 선생님을 좋아한다. 인스(인쇄소 스티커) 만들기가 유행일 때는 함께 인스를 만들어주고, 포켓몬 띠부실이 유행일 때 함께 띠부실을 모아주는 선생님을 좋아한다. 아이들 고유의 문화에 동참하려는 어른의 노력을 아이들은 고마워한다. 아이들의 문화를 존중할 때 아이들도 어른의 문화를 존중해주었다. 내가 아이들을 이해하려고 노력하는 만큼 아이들도 나의 진심을 알아주고, 내 말과 말투가 가끔 어긋나더라도 그 속에 전하고 싶은 나의 마음을 이해해주었다.

아이들에게 어른다움으로 다가가고 싶다. 나이 든 사람이 아니라 어른이고 싶다. 우리가 아이에게 어른으로 다가가면 상황에 맞는 대화를 숙지하고 외우지 않더라도 좋은 말이 나온다. 혹은 좋은 말을 안 했더라도 아이들이 따른다. 엄하게 가르쳐야 할 상황에서 엄한 어른이 되려면 서로 신뢰가 바탕되어야 한다.

상담에서 '라포rapport'를 형성하는 일은 매우 중요하다. 사람과 사람 사이에 다리를 놓는 일을 라포를 형성한다고 하는데, 다리가 이어져 있어야 마음이 연결된다. 아이들에게 좋은 말이든, 훈육이든, 훈계든 왜곡 없이 잘 전달되려면 다리가 잘 놓여야 한다. 그러면 가끔 내가 감정적으로 화내는 상황에서도 저 사람이 나를 미워하거나 싫어서 그런 것이 아니라는 마음이 전해지고 이해된다.

어린 시절 부모님은 아이돌 콘서트 티켓을 예매해주고, 공연장에 데려다준 뒤 마치기를 기다렸다가 다시 집에 데려다주는 일을 마다하지 않으셨다. 친구들도 모두 집에 데려다주셨다. 내가 컴퓨터 게임을 재미있어하자, 전자상가에 가서 게임 CD를 같이 골라주셨고, 아는 분을 통해 음악 공개방송의 맨 앞자리를 예매해주기도 했다. 대신 팬클럽에 가입해주셨고, 내가 해보고 싶어 하는 것들을 제때 놓치지 않도록 해주셨다. 색종이 접기를 좋아했던 내게 색종이를 한 박스 사다 주시며 마음껏 접도록 해주셨고, 죽고 사는 문제가 아닌 한 하고 싶은 것을 모두 할 수 있게 해주셨다(물론 과한 관심과 지나친 간섭도 있었지만 말이다).

그러면서도 무섭고 엄한 엄마이기도 했다. 우리의 행동 기준은 엄마의 엄격한 훈육으로 명확했지만, 그 시절 내가 하고 싶었던 것들에 대한 욕구는 언제나 존중받고 이해되었다.

"숙제로 게임하기를 내줄게."

아이들은 배워야 하고, 어른들은 가르쳐야 한다. 훈육의 중심을 잘 세우기 위해서 나머지는 허용되어야 한다. 컬러렌즈를 착용하고 싶어하는 아이들은 부모님이 반대하면, 렌즈에 매직펜으로 색칠해서 착용하거나 값싸고 질이 좋지 않은 렌즈를 착용해 눈의 건강을 해친다. 화장하는 아이들은 값싼 화장품을 사서 등굣길에 화장하고, 제대로 지우지도 않고 집으로 돌아간다.

좋은 렌즈를 사주고, 올바르게 착용하고 관리하는 방법을 알려주고, 좋은 화장품과 클렌징 제품을 골라주는 것은 어떨까? 그 나이에 하고 싶은 것들이 분명히 있다. 나이가 들고 어른이 될수록 화장하는 것이 귀찮아진다. 사춘기는 외모에 관심이 가장 많을 때라, 예쁘게 꾸미고 화장하고 싶다. 1시간만 허락된 게임 시간이 게임을 더 하고 싶게 한다. 엄마도 아빠도 함께하며 재미를 공유하고, 게임 시간을 조절해나가는 것도 좋다. 그리고 '그 나이에는 그런 게임이 하고 싶기도 하겠구나.' 하는 이해도 필수다. 아예 게임 숙제를 내주어 아이가 게임을 질리도록 하게 하는 방법도 (해볼 용기가 있다면) 강력하게 추천한다.

질리도록 게임을 시킬 생각이 있다면 강하게 마음먹어야 한다. 서너 시간 가지고는 턱도 없다. 밥도 먹이지 말고, 잠도 재우지 말고, 가장 높은 레벨에 도달하도록 옆에서 지키고 앉아 정말 일처럼 시켜야 한다. 처음 하루 이틀은 즐겁게 할지도 모르겠다. 할 거면 제대로 해야 한다는 신념으로 아이에게 휘둘리지 말고 일처럼 시킬 자신이 있는 부모에게만 추천한다. 무엇이든 즐겁고 재미있어도 일이 되면 재미없어진다. 그것도 무서운 상사가 계속 지켜보는 일이라면 더 재미없어진다.

훈육의 기준은 높고 명확하게 잡되, 허용되는 바운더리는 크고 넓어야 한다. 이것도 안 된다, 저것도 안 된다고 하면 아이들은 "엄마, 아빠는 다 안 된대요. 뭐만 하면 다 안 된대요. 도대체 되는 건 뭐예요?"라고 투덜댈 수밖에 없다.

축구를 좋아하는 남편은 아이들이 어렸을 때부터 조기축구를 하러 나갔는데, 나는 그것이 매번 불만이었다. 나의 불만에도 꿋꿋하게 축구를 하러 가던 남편은 프랑스에 와서도 축구클럽을 찾아내 매주 한 번씩 축구를 하러 간다. 아이들도 제법 컸고, 나도 몸과 마음의 여유가 생겨 마음 편히 축구를 다녀오라 했더니 한다는 말이 기가 막혔다. "가지 말라고 해서 갈 때는 진짜 재밌었는데, 막상 갔다 오라고 하니까 별로 재미가 없네?" 이런 상황을 '말이야, 방귀야.'라고 하는 것이 맞나. 어른들도 이런데 아이들도 마찬가지다.

학교에서 과자 파티를 하면 형제자매가 있는 아이들은 달려들어서 먹고, 외동아이들은 태평하게 앉아서 먹는다. 첫째는 아토피가 조금 있어 먹는 것을 조심시키는데, 과자나 젤리 같은 것을 먹을 수 있는 날이면 눈에 불을 켜고 먹는다.

아이들을 잘 훈육하려면, 정말 중요하게 생각하는 몇 가지 원칙을 제외하고는 허용해야 한다. 그리고 그 원칙은 엄격하고 단호하게 훈육되어야 한다. 아이들의 문화를 인정하고, 어른다움을 갖추어야 아이들도 어른의 말을 듣는다. 그래야 한 방이 잘 먹힌다.

방관육아 꿀팁

＊ 책상 낙서대회, 문제집 찢기대회를 열어주세요!
수업 시간에 책상에 몰래 낙서하는 아이들이 많아 책상 낙서대회를 열었다. 연필로 책상을 가장 까맣게 칠하는 아이가 우승하는 대회였다. 쉽고 만만하게 본 아이들은 지쳐버렸다. 그러고 나서 아이들은 더는 낙서하지 않았다. 낙서대회가 끝난 뒤에는 아이들에게 매직블록을 하나씩 주고, 책상을 깨끗하게 닦도록 했다. 그동안 지워지지 않았던 사인펜 자국이나 매직펜 자국도 말끔하게 사라진다. 단 매직블록이 책상 표면의 코팅을 지운다고 하니, 좋은 책상이라면 주의해야 한다.

복도에서 뛰는 아이들이 있어 교실 없이 특별실만 모여 있던 학교 별관에서 복도 달리기대회를 열었다. 문제집을 신나게 찢어서 날린 적도 있다. 내가 만든 문제집을 매일 풀게 하고 한 학기 동안 모았다가 방학식 날 마구 찢어버리게 했다. 매일 아침 문제를 풀게 했던 선생님에 대한 마음도, 안 풀려서 속상했던 마음도 모두 찢어서 날려버렸다. 아주 속이 시원하게 말이다. 집에서도 엄마와 함께 열심히 푼 문제집을 신나게 찢어보는 것은 어떨까?

집에서 열 수 있는 대회도 많다. 나는 집에서 두루마리 휴지를 하나씩 주고는 마음껏 풀어헤치고, 서로 몸에 감아 미라를 만들어주기도 하고, 찢고 날리며 놀았다. 다 놀고 나서는 뭉쳐서 종이에 모양을 내어 붙이고, 약병에 물감을 담아서 뿌리는 미술 놀이를 했다. 신나게 찢어서 날리고 던지고, 공처럼 뭉쳐서 눈싸움하듯이 놀면 아이들의 스트레스가 풀린다. 놀이가 끝난 뒤에는 2분 안에 쓰레기를 모두 모아 쓰레기봉투에 담는 미션에 성공하면 아이스크림을 하나씩 사주는 등의 선물을 했는데, 아이들도 신나고 청소도 해결된다.

에어캡 포장지는 버리기 전에 꼭 아이들에게 밟아달라고 했다. 생수를 사다 먹었는데, 다 먹은 페트병을 잘 모아두었다가 버리기 전에 모두 발로 밟게 했다. 물풍선 던지기도 했고, 욕실에서 목욕 스프레이를 마음껏 뿌리게 하기도 했다. 나무블록을 높이 쌓은 뒤에 일부러 발로 차서 무너뜨리게도 했다. 부모의 보호 아래 가끔 하는, 시원하게 저지르는 과격한 놀이는 아이들의 스트레스를 줄여준다. 하지 말라고 하면 더 하고 싶은 법이다. 하고 나면 다 괜찮아진다.

양육이 쉬워지는
결정적 한마디를 외치세요

여행 가기로 한 날 아침에 몸이 좋지 않았다. 남편에게 잠시 쉬겠다고 했는데, 남편도 쉬고 있다. 여행 가방도 챙겨야 하고 아이들에게 아침밥도 먹여야 하고, 점심으로 먹을 간식도 챙겨서 출발해야 하는데 남편이 내가 일어나기만을 기다리고 있다. 아이들은 아직 잠옷 바람에 세수도 하지 않은 채로 온 집을 어지르며 놀고 있다. 취소할 수 없는 여행이라 겨우 몸을 일으켜 짐을 챙기는데, 남편이 내 눈치만 보면서 의미 없이 움직이고 있다.

눈치 빠른 둘째는 내 기분이 나쁜 것을 말투에서 읽었는지 빠르고 영리한 움직임으로 내 눈치를 살핀다. 별로 입고 싶지 않은 옷이지만 입으라고 하니 군말 없이 입어주고, 평소에는 잘 하지도 않는 세수에 양치에 로션 바르기까지 마치고서 나를 기다린다.

첫째는 내가 기분이 나쁜지 어떤지 관심이 없다. 입으라고 챙겨준 옷이 마음에 들지 않는다며 입이 뽀로통 나와 있는데 어찌나 그 모습이 꼴 보기가 싫은지 아침부터 남편에게 화났던 마음이 아이를 향한 화살이 되어 볼멘소리를 날렸다. 눈치 없는 남편이 한마디 거든다. "왜 애한테 갑자기 화를 내고 그래." 나는 큰소리로 대답했다.

"나! 안 가!!!"

무엇을 도와주어야 할지 물어주었으면 좋겠다. 아니 묻지 않고 알아서 좀 해주면 좋겠지만, 무엇을 해야 할지 모르겠다면 최소한 물었으면 좋겠다. "무엇을 도와줄까?"

아이가 무언가를 하고 있는데 잘 못하는 것 같아 도와주면 갑자기 운다. 도와주려고 한 건데, 엄마가 다 해버렸다며 우는 아이를 보면 당황스럽다. 쭈쭈바 아이스크림의 꼭지를 따서 주니 자신이 하려고 했는데 왜 했냐며 울고, 바나나 껍질을 잘 못 벗기는 것 같아 윗부분을 따서 주니 스스로 할 거였는데 왜 했냐며 다시 붙이라고 운다. 작은 손으로 낑낑거리며 하는 것이 힘들어 보여 도와주었는데 웬 날벼락인가 싶다. 도와줄 것을 도와주어야 하는데, 도움이 필요 없는 것을 도와주니 화가 난 모양이다.

여행 가방 챙기는 것을 도왔으면 좋겠는데, 갑자기 손빨래하려고 모아둔 옷들을 세탁기에 넣고 돌리려는 남편에게 불같이 화가 난 내 모습 같다.

"무엇을 도와줄까?"

아이들이 스스로 할 수 있는 일은 스스로 하게 하면서도, 내게 언제나 도움을 요청할 수 있도록 마음을 열어두는 질문이다. 아이가 낑낑거리고 있을 때는 나서서 먼저 돕지 않고 "잘 안 되면 말해."라고 한다. 놀이터에서 높은 곳에 올라가려는 아이가 위험해 보여도 나는 그 옆에 서서 "도와줘?" 하고 묻는다. "응, 도와줘."라고 할 때까지 기다리는 편이다.

　아이는 늘 새로운 것들을 시도해보고 싶다. 어른에게는 도움이지만 아이에게는 기회를 빼앗기는 일이다. 우리에겐 하찮은 **빗자루질도, 바나나 껍질을 벗기는 일도, 엘리베이터 버튼을 누르는 일도, 열쇠로 문을 열어보는 일도, 세상 모든 일이 새롭고 신기한 아이들이다.** 공부도 마찬가지다. 새로운 문제를 풀어보고, 다양한 방법으로 생각할 기회를 주고, 틀리면 고쳐볼 기회도 주어야 하는데 우리는 늘 헤매지 않고 빠른 길로 가도록 돕고 싶은 마음에 기회를 빼앗는다.

　불어 공부를 하는 내가, 배운 불어를 좀 써먹어볼 요량으로 커피숍에서 불어로 주문하면 점원이 갑자기 영어로 말한다. 프랑스는 분명 영어를 쓰면 싫어한다고 했는데 꼭 그렇지만도 않은 모양이다. 심지어 프랑스 사람이 영어를 못해서 미안하다는 말을 할 때면 나는 "여긴 프랑스잖아. 내가 불어를 못해서 미안해. 나 불어 공부 열심히 하고 있어."라고 대답한다. 문제는 그렇게 영어로 말해버리면 내가 불어를 연습해볼 방법이 없다.

집에 문제가 생겨 부동산에서 사람을 불러주었다. 프랑스는 집 계약부터 시작해 살면서 집에 생긴 크고 작은 문제까지 모두 부동산에 이야기하면 도와준다. 프랑스 사람이 집으로 와 문제를 체크하더니 전화번호를 알려주면 전문 수리공을 불러주겠다고 했다. 나는 얼마 전 배운 숫자를 기억해내 불어로 떠듬떠듬 번호를 불러주었다. 젊은 수리공은 엄청난 인내심과 끄덕임으로 내가 불어를 마치기를 기다렸다.

프랑스 전화번호는 두 자릿수의 숫자를 다섯 개 불러주어야 한다. 가령 우리말로 "삼십오, 이십사, 구십팔, 오십이, 육십삼"이 전화번호다. 게다가 80은 '4번의 20', 90은 '4번의 20과 10', 이런 식으로 숫자를 부르는 방식이 매우 어렵다. 수리공은 나의 더듬거리는 불어를 천천히 받아 적고, 다시 불어로 말해주어 따라 하게 한 다음, 내게 불어를 잘한다는 칭찬도 빼먹지 않았다.

빵집에 가면 맛있게 생긴 수많은 빵이 진열되어 있다. 한국에서는 넓은 쟁반을 들고 먹고 싶은 빵을 집게로 집어 계산대로 가져가지만 프랑스는 그렇지 않다. 진열대 안에 있는 빵을 손으로 가리켜 먹고 싶다고 말하면 점원이 하나씩 꺼내주는 식이다. 여러 가지 빵이 섞여 있으면 손으로 가리키기가 어려워 겨우 크루아상이나 사 먹었다. 아이들 학교 앞에 자주 가는 빵집이 있는데, 주인 아주머니와 안면을 트고 나니 용기가 생겼다. 나는 사과파이가 불어로 써 있는 빵을 가리키며 떠듬떠듬 불어를 읽어 주문했다. 주인은 친절하게 정확한 발음을 알려주고, 맛있는 빵을 꺼내주고 칭찬의 미소를 지어주었다.

나는 그렇게 사람들의 기다림과 도움으로 배운 불어를 연습하고, 틀린 말을 고치고, 써먹는다. 나는 실수와 부끄러움을 견뎌내고, 친절하게 기다려주는 프랑스 사람들의 도움을 받아 커피숍에서 주문도 하고, 식당에서 밥도 사 먹고, 마트에서 물건도 산다. 그렇게 나의 불어 수준은 한 계단 오른다.

아이들의 공부도 기다려주어야겠다고 생각했다. 친절한 부동산 직원처럼, 학교 앞 빵집 아주머니처럼 말이다. 아이가 처음 배운 모든 것은 실수와 연습으로 완벽해지고, 틀려도 웃어주는 마음이야말로 다시 한 번 틀릴 용기를 갖게 한다는 걸 배운다. 가끔 만나는 불친절한 프랑스 사람들이 내 발음을 못 알아들어 눈동자를 오른쪽 위로 치켜뜨거나, 바쁜데 못 알아듣게 말한다며 기분 나쁜 표정을 지으면 그날 나는 불어를 배울 용기를 잃는다. 내 발음이 그렇게 엉망인가 자책하고, 앞으로 영어로 말해야겠다는 생각이 든다.

우리는 언제나 아이들에게 물어야 한다. 무엇을 도와주어야 할지 말이다. 우리는 언제나 기다려주어야 한다. 계속해서 틀려가며 나아지기까지 말이다. 필요 없는 도움은 피해가 된다. 영어로 말해주는 친절한 프랑스 사람처럼, 손빨래하려고 모아둔 옷가지를 세탁기에 돌려버린 다정한 남편처럼.

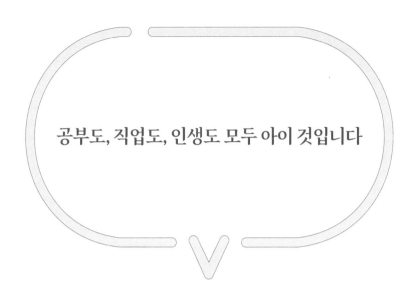

공부도, 직업도, 인생도 모두 아이 것입니다

"엄마, 과자 먹어도 돼?"

"글쎄. 별로 몸에 좋을 것 같진 않은데, 몸이 안 좋아져도 내 몸 아니고 네 몸 안 좋아지는 거니까 알아서 해."

"엄마, 양치 안 하고 싶어. 그냥 자면 안 돼?"

"네 치아니까 네가 알아서 해. 내가 아픈 건 아니니까."

"엄마, 나 오늘 조금만 늦게 오면 안 돼? 다들 집에 늦게 간단 말이야."

"너 알아서 해라."

친정 엄마와 어린 시절 나의 대화다. 자라면서 가장 많이 듣고 자란 말 중에 하나라면 "네가 알아서 해."다. 내 몸도, 내 성적도, 내 삶도, 내 생활도 다 '내 것'이라 일러주신 친정 엄마 덕분에 어린 시절에는 그 막막함을 이겨낼 수 없어 힘들었다. 그러나 그것도 잠시, 시간이 지나고 나서는 내 인생을 주체적으로 살아가게 하는 힘이 되었다.

선택의 기로에서 '내 인생'이니까 나에게 가장 이로운 것을 선택하는 이성적인 힘이 생겼다. 힘들고 이겨내기 버거웠던 몇몇 일들도 지금 내 인생의 행복을 방해할 수 없고, 과거의 힘든 일들이 지금의 내 인생에 영향을 줄 수 없다는 사실도 알게 됐다. 나는 내 인생을 책임지는 사람이 되어, 내 인생을 행복하게 만드는 선택을 할 수 있다. "너 알아서 해."라는 한마디를 꾸준히 하신 엄마 덕분으로 말이다.

그것은 그대로 이어져 나도 아이들에게 "너의 공부, 너의 몸"이라는 말을 많이 한다. 양치를 대충 하는 아이에게도 "네 치아는 네 것이니 네가 알아서 관리해야 해."라고 말한다. 열심히 양치하라는 말보다 더 강력하게 아이들을 움직이게 한다. **우리 반이었던 한 아이는 치과 치료 비용을 자신의 용돈으로 내야 한다며 치아가 썩지 않게 점심시간마다 열심히 양치했다.** 나도 아이들이 크면 그 책임을 용돈에서 물릴 생각이다. 우리는 부모로서 아이를 보호하고 올바른 길을 가르쳐 줄 수는 있지만, 아이의 인생을 대신 살아줄 수 없는 사람이라고 말해야 한다. 그래야 아이들은 해야 하는 것도, 하지 말아야 할 것도 스스로 판단하고 선택하고 책임진다.

우리 집 아이들은 사탕을 손에 한가득 쥐여줘도 알아서 절제하고, TV를 보다가도 알아서 끄고, 피곤하고 귀찮은 날에도 샤워를 빼먹지 않는다. 나는 "네 몸이지, 내 몸이 아니다."라는 말만 앵무새처럼 반복했을 뿐이다. 지금 아이들이 선택해야 하는 것은 단순한 일상생활뿐이지만 아이들이 조금 더 크면 공부도, 성적도, 직업도, 결혼도, 인생도 모두 아이들이 선택하고 결정할 것이다. 나는 모든 것을 아이들이 선택하고 책임지게 할 생각이다. 자신이 가장 좋은 선택을 하게 하는 강력한 힘이 될 것이다.

"네 인생이니까 네가 알아서 해야지."

"선생님, 빨간색으로 칠해도 돼요?"
"네가 칠하고 싶은 대로 하면 되는 거야."
아이들이 스스로 선택하게 하고 책임을 다하는 경험을 많이 하면 좋겠다. 극소수이긴 하지만 학부모님들 중에서도 선택에 어려움을 겪는 분들을 만난다.

"아이가 열이 나는데 학교를 보내야 할까요? 집에 데리고 있을까요?"

"점심시간에 약을 먹으라고 하는데 약을 가방에 넣어서 보낼까요? 아이스팩에 담아서 보낼까요?"

"아이 아빠가 코로나에 걸렸는데 아이가 학교에 가도 되나요?"

어떤 선택을 해야 할 때, 우리는 종종 누군가의 의견을 묻고 싶을 때가 있다. 타인과 나의 상황을 두루 살펴 가장 옳은 선택을 해야 하는데, 경험이 적은 상태로 성인이 되면 종종 선택의 과정에서 힘이 든다. 스스로 좋은 선택을 하고, 그 선택의 결과에 책임을 다하는 어른으로 자랐으면 좋겠다.

어릴 때 부모가 모든 것을 다 해주거나 아이들이 부모가 원하는 대로, 부모를 즐겁게 하려고 행동했다면 자아를 고민할 기회가 없다. 사춘기가 되어서는 이야기가 달라진다. 자신의 인생에 주인의식이 없는 채로 성장한 아이들은 사춘기가 되어 방향을 잃는다. 무엇을 위해 열심히 공부해야 하는지, 무엇을 위해 절제해야 하는지, 무엇을 위해 옳은 선택을 해야 하는지 선택의 기준이 되는 동기가 없다. 골고루 먹고, 건강하게 운동하고, 몸을 청결하게 하고, 독서하고, 긍정적인 생각을 하는 모든 행동은 나를 소중하게 여기는 태도에서 시작한다. 인생의 주인이 되면 스스로 소중하게 생각하고, 인생을 가꿔야 할 이유를 찾게 된다. 아이들이 인생은 나의 것이라는 주인의식을 가졌으면 좋겠다.

왜 공부해야 하냐고 묻는 아이에게

"선생님! 공부를 왜 해야 해요?"

"글쎄, 너는 생각해본 적 있어?"

"엄마가 공부 열심히 해야지 제가 하고 싶은 일을 할 수 있대요."

"너도 정말 그렇게 생각해?"

"아니요. 그냥 하기 싫어요."

공부를 열심히 해야 한다는 말에는 수많은 의미가 담긴다. 아이들도 어른이 되면 공부의 중요성을 저절로 깨닫겠지만 지금 아이들에게 이해시키기는 힘들다. 나는 초등 고학년 아이들과 장래희망에 대해 자주 이야기했다. 장래희망을 그림으로 그리거나 글로 쓰라고 하면 아이들은 '직업'으로 표현했다. 직업은 삶을 살아갈 때 도움이 되는 하나의 방법일 뿐이라고 말해주었다. 어떤 집에서, 누구와 어떤 모습으로, 무엇을 하며 살아갈지, 주말의 나는 어떤 모습이었으면 좋겠는지, 어른이 된 나의 저녁은 어떤 모습인지, 어른의 내가 하고 있는 취미생활은 무엇인지, 어떤 동물을 키우고 싶은지, 어느 나라에서 살고 싶은지, 하나부터 열까지 구체적으로 적어 그려내라고 하면 아이들은 행복한 상상의 나래를 펼친다.

"저는 선생님도 되고 싶은데, 의사도 되고 싶고, 수영선수도 하고 싶어요."

"의사 선생님이 되면 병원에서 일도 하지만 의사가 되고 싶은 학생들을 가르칠 수도 있어. 퇴근하고 수영을 열심히 해서 아마추어 수영대회에도 나가보면 좋겠지?"

"선생님, 저는 야구 선수도 되고 싶고 유튜버도 되고 싶어요."
"야구 선수가 되어서 야구와 관련된 유튜브를 하면 되지!"

"선생님! 저 강아지 두 마리 키워도 돼요?"
"당연하지! 상상하는 그 무엇이든 다 이루어질 수 있지!"

"선생님, 저는 엄마랑 아빠랑 2반에 있는 제일 친한 친구랑 제 동생이랑 다 같은 건물에서 살 거예요!"
"우와! 그럼 적어도 4층 집이어야겠는걸?"

아이들이 저마다 구체적인 미래를 그려가며 눈빛이 반짝인다. 너무 신나서 설렌다는 아이도 있고, 갑자기 공부를 열심히 해야겠다 말하는 아이도 있다. "선생님, 그럼 어떤 공부를 해야 해요?"라고 물을 때 가장 감사하다. 아이들에게 미래를 위해 어떤 직업을 가지면 좋을지, 어떤 자격증이 있으면 좋을지, 어떤 공부를 하면 좋을지 생각해보라고 한다. 이 활동을 마치면 그다음 수업 시간을 대하는 태도가 바뀐다. 아이들과 어떤 미래를 살고 싶은지 자주 이야기를 나누면 좋겠다. 아이가 자신의 인생은 자신이 만들어나가는 것임을 알게 해주면 좋겠다.

말 없는 아이와 대화하는 방법은 따로 있습니다

"머리, 어깨, 무릎, 발, 엉덩이!"

1학년 담임을 몇 년 동안 하면서 터득한 방법이 있다면 아이들에게 발가락, 배꼽, 엉덩이 같은 신체 부위와 똥 이야기를 하면 웃음과 집중력을 모두 잡을 수 있다는 점이다.

"자, 다음은… 머리, 어깨, 무릎, 발, 무릎, 배꼽!!"

쉬는 시간이 끝나고 아이들을 공부에 집중시키기 위해 만들어낸 '손 유희 활동'인데 이만한 것이 없다. 아이들이 까르르 쓰러지며 한 명도 빠짐없이 수업에 무섭게 집중한다. 1년 내내 해도 지겹지 않은지 아이들 웃음소리가 끊이지 않는다.

아이들의 그림이 도식기(4~7세에 의식적인 표현 과정으로 넘어가는 시기)

에서 또래 집단기(9~11세에 관찰력이 발달함과 동시에 자신의 그림을 타인의 그림과 비교하여 대담성이나 자신감을 잃어감)로 넘어가는 시기가 되면 그림 그리기에 자신감을 잃고 미술 시간을 좋아하는 아이와 싫어하는 아이로 명확히 나뉜다. 이럴 때는 '똥 그림 그리기대회'나 '방귀 그림 그리기대회'를 연다. "누가 누가 똥을 잘 그리나? 누가 누가 방귀 소리를 잘 표현하나?"라고 하면 아이들이 미술을 대하는 시각을 달리한다. 꼭 사실적으로 그린 그림만이 잘 그린 그림이 아니라는 점을 일깨우려는 것이다.

아이들은 이렇게 단순하고 원초적인 것으로 다가가면 쉽게 마음을 연다. 말 없는 아이나 감정을 드러내기 어려워하는 아이, 다시 말해 '대화가 어려운 아이'라면 원초적인 것으로 다가가면 된다. 이를테면 부정적인 감정 같은 것 말이다. 조금 더 넓게는 아이와는 대화를 그렇게 시작하면 된다.

아이들에게 좋은 감정을 나타내는 표현을 말해보라 하면 '좋다', '행복하다', '즐겁다'에서 더는 발표가 이어지지 못한다. 반면 나쁜 감정을 표현하는 말을 해보라고 하면 '싫다', '나쁘다', '짜증 난다', '밉다', '속상하다', '때려버리고 싶다' 등등 다양한 발표가 이어진다.

감정에는 여러 가지가 있지만, 사람에게는 부정적인 감정을 느끼는 힘이 훨씬 강하다. 부정편향이다. 언어 표현을 하지 못하는 아기들도 생존과 관련된 불편한 상황과 감정을 부정적인 감정인 울음으로 표현하여 생존한다. 신경과 의사이자 뇌과학자인 안토니오 다마지오는 인간에게 감정이 먼저 생겨나고, 그 이후에 모든 정신 활동이 나타났다고 주장한다. 쉽게 말하면 원시시대 생존과 번식을 위협받는 상황에서 부정적인 감정이 자신을 보호하고 서식지를 이동하는 형태로 이어졌다는 얘기다.

생존의 위협에 노출되어 있었던 원시시대에는 공포나 두려움과 같은 부정적인 감정을 잘 느끼고 대처해야만 살아남을 수 있었다. 어쩌면 우리가 아이들에게 쉽게 허용하지 않는 부정적인 감정은 긍정적인 감정보다 훨씬 더 원초적이고, 기본적인 감정일지도 모르겠다. 원시시대에는 꼭 필요했던 부정적인 감정이 지금은 생존 문제와는 거리가 먼 감정이 되었으므로 불필요하고, 없애야 하고, 나타내면 안 되는 것처럼 여겨진 것은 아닐까?

"요즘 힘든 일 없어?"

지금은 부정적으로 여겨지지만, 과거에는 꼭 필요했던 역량 중 하나가 ADHD의 성향이었다고 주장한 사례도 있다. 톰 하트만Thom Hartmann은 저서 《에디슨의 유전자를 가진 아이들》에서 ADHD는 과거 사냥꾼의 유전자가 발현된 것으로, 농사꾼의 DNA가 주류를 형성한 현대사회에서 적응하기 힘들 뿐, 과거에는 꼭 필요했던 DNA라고 주장했다. 주위 환경에 대한 지속적인 관찰, 순간적으로 눈에 띈 것을 추적할 수 있는 능력이 과거에는 필요했지만 지금의 사회에서는 필요 없어진 것이다. 사냥꾼 유전자는 지금의 사회에서는 적용하기 힘든 점이 있으므로, 사회 구성원으로 자리매김하기 위해 개선되어야 한다. 그러나 생존과 관련된 부정적인 감정은 다르게 바라볼 필요가 있다.

긍정적인 감정은 '오늘 가장 재미있었던 일'로 일기에 쓰기도 한다. 어른들도 '감사 일기', '세 줄 쓰기'를 통해 긍정적인 사람이 되려고 노력하지만 정작 부정적인 감정은 제대로 마주하고 어떻게 다뤄야 할지 모른다. 실제로 더 노력해야 하는 감정임에도 말이다. 아이에게 일기에 가장 속상했던 일을 쓰게 하고, 그 마음을 읽어내고, 그런 마음이 들었을 때 어떤 태도로 대해야 하는지 대화해보자. 자신의 감정을 마주하다 보면, 상대의 부정적인 감정을 이해하고 편안하게 받아들이게 된다.

학교에서 어떤 아이들은 쉬는 시간에 내게 먼저 다가와서 이런저런 이야기를 잘 나눈다. 그러나 평소 말이 없는 아이들은 내 근처에 잘 오지 않아 종일 대화 한마디 못하고 지나갈 때가 많다. 그럴 때 "요즘 힘든 일 없어? 힘든 일 있으면 선생님한테 꼭 이야기해."라고 한마디 해놓는다. 그러면 일기를 통해서든 쪽지를 보내서든 아무도 없을 때든 와서 꼭 이야기해준다. 요즘 좋았던 일, 즐거웠던 일에 대해서도 이야기해달라고 하면 마치 자랑하는 느낌이 들어 쑥스럽다고 한다.

말 없는 아이들은 예쁜 일기장을 선물해 쓰게 하고, 대화를 조금

더 쉽게 이끌어낼 수 있는 부정적 감정을 통해 대화를 시작하자. 마무리로 긍정적인 경험까지 나누며 다양한 감정을 나누어보자. 말이 없는 아이들은 대부분 "그냥." 혹은 "괜찮아요." 정도로 표현하는 경우가 많아서 좋은 일로는 길게 대화하기 어렵다. 부정적인 상황은 누구나 한두 가지씩 있으므로 대화의 물꼬를 트기가 쉽다.

예민한 아이를 잘 키우는 법

예민한 아이에게도 부정적인 감정을 드러내는 일기를 쓰게 하자. 또는 부정적인 감정을 대화거리로 삼아보자. 우리가 '예민'하다고 말하는 아이들은 키우기 어렵다고 하고, '순하다'고 표현되는 아이들과 대비되어 부정적인 모습으로 비추어지는데, 정말 그런지 잘 살펴보자. 소위 예민한 아이들은 부정적인 감정도 잘 느끼지만 긍정적인 감정도 잘 느낀다. 긍정적인 감정을 표현할 때는 보이지 않던 예민함이 부정적인 감정을 표현했을 때 부모를 힘들게 하므로 '순하지 않다'고 인식되는 것이다. 키우기 어렵다고 말이다. 그런데 이런 아이들은 수업 시간에도 예민하게 반응한다. 즐거움에 크게 반응하고, 긍정적인 표현도 크게 하고, 친구들과도 즐겁게 잘 지낸다. 다만 긍정적인 감정만큼 부정적인 감정에도 크게 반응하고 크게 표현한다. 감정이 롤러코스터를 탄 것처럼 말이다.

예민한 아이들이 부정적인 감정을 직면했을 때 왜 그런 마음이 들었을까 함께 이야기를 나누어보고, 다른 각도로 바라보게 하자. 그리고 어떻게 하면 조금 진정될 수 있는지 스스로 방법을 찾게 하자. 아이는 어떤 부분에 예민하고 부정적인지 스스로 깨닫고 감정을 조절하는 방법을 배우게 된다. **말 없는 아이와는 희로애락의 다양한 감정을 골고루 표현하도록 대화하고, 예민한 아이와는 부정적인 감정을 잘 처리하는 방법을 스스로 찾아갈 수 있도록 대화한다.**

조금 더 어린아이에게는 부정적인 감정을 처리할 시간을 주어야 한다. 나는 아이가 우는 것보다 소리를 지르는 것이 힘들어 아이를 안아주기가 어려웠다. 아이들의 울음에는 소리 지르기가 포함되는데, 속상한 마음을 공감받지 못한 까닭이다. 다음과 같이 말하고는 아이가 속상해하는 마음을 품어주었다.

"속상하면 눈물이 나. 우는 것은 당연하고 괜찮은데 소리를 지르는 것은 안 돼."

아이들은 부정적인 감정을 울음으로 표현하는데 우리는 이런 감정을 "그만 울어!", "뚝 그쳐!"와 같은 말로 멈추게 한다. 어린아이들도 자신의 감정을 마주할 수 있도록 해주자. 다만 아직은 이런 감정을 처리할 능력이 부족하므로 "속상하면 울어도 돼." 하고 말해주면 된다. 조금 더 크면 다양한 단어들로 표현할 수 있도록 가르쳐야 하는데 직접 가르쳐선 효과가 없다. 엄마, 아빠가 "짜증 나."라는 표현을 쓰지 않도록 해야 한다.

　학교에서 아이들은 부정적인 감정을 표현하는 단어들을 많이 알고 있음에도 모두 "짜증 나요."라고 표현한다. 친구들 사이에서는 "빡친다."고 표현한다. 예민한 아이들일수록 긍정적이고 부정적인 감정 표현을 많이 하는데, 무조건 부정적인 표현을 배제하고 긍정적인 표현만 하게 할 것이 아니라 부정적인 감정을 올바른 단어로 표현할 수 있게 해주어야 한다. 무언가 일이 잘 풀리지 않을 때 말해보자.

　"아, 짜증 나." 대신 "일이 생각대로 잘 안 풀려서 답답하네."

　누군가 실수해서 피해를 당했을 때 말해보자.

　"오늘 밖에서 진짜 짜증 나는 일 있었어." 대신 "오늘 밖에서 억울한 일이 있었어. 좀 황당하기도 하고."

　아이가 부모의 이런 대화를 듣고 자라게 해야 한다. 사실 긍정적인 감정은 "좋다."라는 말만 사용해도 듣기가 좋다. 그러나 부정적인 감정을 "짜증 난다."는 말로만 표현하는 것은 문제가 된다.

　예민한 아이에게 부정적인 감정을 다양한 단어로 표현해봄으로써 어떻게 다룰지 일기를 쓰게 해보자. 차분히 대화할 수 있는 상황에서 감정카드나 색깔카드를 활용해서 다양한 감정을 표현하는 방법을 알려주는 것이 좋다. 아이를 앉혀놓고 "이런 감정은 이런 단어로 표현하는 거야."라든가, 감정카드를 가져와 아이 앞에 펼쳐놓고 "너의 기분을 골라봐."라고 하거나 여러 가지 색깔 중에 감정을 표현한 색을 찾아보라고 하는 것도 물론 도움이 된다. 다만 이런 활동은 아이가 화가 많이 나 있거나 감정 조절이 어려운 상황에서 쉽지 않다. 아이가 갑자기 부정적인 감정을 여과 없이 쏟아내는 와중에 카드를 가져와 펼치고 고르라고 할 마음의 여유가 있을까? 같이 받아치지만 않아도 다행이다. 평소에 부모가 부정적인 상황에서 다양한 감정을 말로 표현하는 모습을 보이는 것이 가장 좋다.

* 다음의 주제로 일기를 쓰게 해봐요!

아이의 마음을 열게 하는 일기 주제들이다. 조곤조곤 이야기를
잘하는 아이라면 다음의 주제로 대화해도 좋다.

1. 오늘 속상한 일은 무엇이야?
2. 속상한 감정이 들었을 때 마음의 색깔은 뭐야?
3. 왜 그런 마음이 들었을까?
4. 어떤 마음을 가지면 속상한 마음이 해결될까?
5. 속상한 하루 중에 즐거웠던 일은 뭐야?
6. 속상한 마음이 사라지게 하려면 네가 그 자리에서 바로 할 수
   있는 일은 무엇일까?
7. 엄마, 아빠가 속상한 마음이 들 때 하는 행동은 뭐야?
8. 엄마, 아빠의 속상한 일을 너라면 어떻게 해결했을 것 같아?

아이가 문제집을 풀면
엄마는 떡을 써세요

내 실수로 인해 생긴 일보다 아직 일어나지도 않은 일을 걱정하는 부모의 태도가 아이에게 더 부정적인 영향을 미친다. 아이들이 친구 관계에서 실수하거나 다투었을 때 가볍게 여겨주면 좋겠다. 실수는 누구나 할 수 있고 그 실수가 누군가에게 큰 영향을 주는 것이 아니라면 실수를 훌훌 털어내고, 담백하게 사과하고, 다음번에는 그러지 말아야겠다고 배움으로 마무리할 수 있다. 그런 태도는 부모로부터 배운다. 부모가 실수했을 때, 일어나지도 않을 일들을 상상하고 최악의 상황으로 몰아가며 혼자 끙끙 앓는 일은 없어야 한다.

아이에게 실수하고 나면 밤에 자책한다. 실수를 통해 배우고, 새로운 의지를 다져야 하는데 실수를 자책하면서 자존감만 낮아지고,

똑같은 실수를 반복한다. 자는 아이에게 미안하다고 사과하고, 자는 아이 머리카락을 쓸어 넘기며 마음 아파해봤자 다음날 똑같은 실수를 저지른다.

밤에는 될 수 있으면 생각의 꼬리를 잘라야 한다. '그래. 오늘은 내가 너무 피곤해서 아이에게 좋은 말을 하지 못했어. 내일 아침에 사과해야지. 내일은 컨디션 관리를 잘해서 아이에게 좋은 말을 해줘야겠다.' 이미 일어난 일을 계속 곱씹으며 그때 그런 선택을 했더라면 결과가 달라졌을까, 내가 그때 왜 그랬을까 자책하지 말자. 우리 몸에서 분비되는 호르몬 중 세로토닌은 감정 조절이나 식욕, 수면에 관여하는데 이는 일조량과 관계가 있다. 일조량이 줄어드는 밤에 세로토닌이 왕성하게 분비되지 않아 '센치'해지는 것이다. 이때 여러 가지를 고민하면 상황은 언제나 최악으로 치닫는다. 내일 아침에 다시 생각하자고, 밤에 하는 생각은 이성적이지 못하다고 의식하고 생각을 멈추어야 한다. 가끔 밤 10시가 넘은 시간에 학부모님으로부터 문자가 오기도 하는데, 대부분 아이에게서 일어난 작은 일들을 밤새 고민하다가 고민 상담의 문자를 보내신다. 사실 큰 실수가 아님에도 밤에 생각하는 일들은 극단적인 결과를 낳기 쉽다.

"이미 일어난 일이야. 어쩔 거야! 그럴 수도 있지, 뭐."
"엎질러진 물이야. 인정하고 잘 닦고 다시 안 흘리면 되는 거야."

이미 일어난 일을 다시 주워 담을 순 없다. 물을 많이 쏟아도 빨리 닦으면 물이 가구 밑으로 흘러 들어가는 것을 막을 수 있다. 물을 쏟고 발을 동동거리며 쳐다보고, 이걸 왜 흘렸을까 자책하는 사이 물은 더 멀리 퍼지고 만다. 흘린 순간 실수를 인정하고 빨리 닦으면 된다. 큰일이 아니다. 아이들에게도 실수를 인정하고, 훌훌 털고, 할 수 있는 가장 빠른 방법으로 해결하기를 가르치고 싶다. 그러면 나부터 그런 태도로 실수를 대해야 한다.

나는 착한 사람이 아니라고 인정해버리면, 굳이 모두에게 착한 사람이 될 필요가 없다. 쉽지만은 않다. 내가 지금 기분이 나쁜데, 기분이 나쁜 걸 인정하면 되는데 그렇지 못하면 문제가 된다. 좋은 부모, 완벽한 부모가 아니라는 걸 인정하면 마음이 편한데 그렇지 못해서 문제가 된다. 즐거운 날도 있어야 하지만 힘든 날도 있어야 하고 그것을 견뎌내는 날도 있어야 한다. 감정적으로 힘든 날이 있다면 '그런 날이구나.' 하고 인정하면 된다.

"누구나 그런 날이 있어."

부정적인 감정을 잘 받아들이지 못하는 아이들이 자신의 부정적인 감정뿐 아니라 친구의 부정적인 감정도 받아들이지 못해 문제가 된다. 친구의 피곤함을 자신을 향한 무관심과 무시로 확대해서 생각하는 아이들도 있고, 화나는 감정을 주체하지 못해 의자를 집어던지거나 소리를 지르며 대응하는 아이들도 있다. 가장 문제가 되는 것은 친구의 부정적 감정을 내 탓하거나 나의 감정으로 가져와 생각하는 일이다. 친구의 부정적인 감정의 원인이 자신에게 있는 것은 아닌지 걱정하고, 그 걱정하는 마음이 친구에 대한 비난으로 번지면 싸움이 된다. 이런 아이들에게는 타인의 부정적인 감정이 나 때문에 생기는 것이 아님을 알려주어야 한다. 그 친구에게 힘든 날이 있다고, 누구나 그런 날이 있다고 알려주어야 한다.

아이들이 스스로 감정을 조절하지 못해 분노하고 폭발한 날, 엄마에게 대들고 싸운 날, 친구와 싸운 날, 공부가 잘 안 되는 날, 마음이 울적한 날, 이유 없이 힘든 날은 언제든 있을 수 있다. 아기도, 이제 막 학교에 입학한 아이도, 사춘기에 접어든 아이도 그런 날이 있다. 누구든 그런 날이 있음을 알려주자.

그리고 오늘 하루 힘들었던 엄마들에게, 아이에게 이유 없이 화가 나 감정을 쏟아내고 후회하고 있을 엄마들에게 말해주고 싶다. 오늘이 안 좋았으면 내일이 좋으면 된다. 모든 날이 좋을 순 없다. 경상도 사람이었던 엄마는 언제나 나의 불안과 걱정, 용기 없는 태도에 "그 므시라꼬 머리를 싸매고 앉았노(그게 뭐라고 고민하고 있니)!"라고 하며 용기를 주셨다. 자기 전 힘든 하루를 보낸 아이에게 말해주자. 실수를 자책하며 잠 못 들고 있는 나 자신에게도 말해보자.

"그래, 우리 모두 그런 날이 있지!"

친구 좀 없어도 괜찮아요

    프랑스 학교에 온 지 일주일이 되던 날 첫째가 다음 날 소풍을 간다 했다. 새벽에 일어나 김밥을 싸야 할 것만 같은 아이의 소풍날, 김밥과 주먹밥을 고민하던 나에게 아이는 샌드위치도 괜찮을 것 같다고 말했다. 튀는 것을 싫어하고 예쁘다는 칭찬도 부끄러워하는 첫째는 혹여나 음식으로 곤란하진 않을까 싶어 도시락 메뉴를 걱정한 듯했다. 엄마가 한국식으로 도시락을 싸서 친구들 사이에서 튀어 보일까 말이다. 치즈를 싫어하는 아이가 점심을 거를 것 같아 프랑스에서 찾은 생경한 재료들로 달걀 샐러드 샌드위치를 만들었다.

    학교에 도착하자 외국 엄마들이 몇몇 서 있기에 물어보았더니 엄마도 따라갈 수 있다고 했다. 선생님께 미리 말씀드리지도 않고 단숨에 소풍을 따라가는 극성 엄마가 되어 근처 빵집에서 내가 먹을 점심 샌드위치를 하나 사고 아이가 걸어가는 두 줄 대형 속에 나도 몸을 끼워 넣었다. 적응 기간이어서 어린이집이 떠나가도록 "엄마!!!!!!!!!"라고 외치며 우는 둘째를 교실에 두고 말이다.

엄마들이 따라갈 수 있으니 많은 엄마가 갈 것 같았는데, 단 두 명뿐이었다. 이유는 오전 8시 반부터 오후 3시 반까지 걷는 소풍이었기 때문이다. 아이들은 군말 없이 3시간을 걸어 소풍 장소에 도착했고 돗자리도 없이 바닥에 앉아 점심을 먹었다. 몇몇 아시아계 아이들은 주먹밥을 싸 오고, 어떤 아이는 샌드위치를, 또 어떤 아이는 가방에서 바게트를 하나 꺼냈다. 내 눈은 놀라움으로 커졌다.

마치 예술작품을 연상케 하는 우리나라 아이들의 소풍 도시락과는 달리 한 끼를 가볍게 때우려는 아이들의 점심 도시락을 보며 새벽 내내 분주하게 움직인 나는 웃음이 났다. 소풍은 담임선생님의 재량으로 가는 것이기에 어떤 반은 소풍을 가고 어떤 반은 소풍을 가지 않는다. 첫째의 담임선생님은 야외 활동을 좋아해서 한 학기에 소풍을 서너 번씩 가고, 수학여행도 꼭 챙겨서 갔다. 첫 번째 소풍을 교훈 삼아 다음 소풍 도시락은 간소하게 챙겼다. 한국에서 새벽 5시에 일어나 도시락을 준비하던 나는 평소처럼 일어나 간단한 주먹밥으로 아이의 도시락을 챙겨 보냈다.

워터파크, 수영장, 온천, 바다…. 아이와 물놀이를 가면 장난감과 씻을 거리, 갈아입을 옷으로 언제나 짐이 한가득이었는데, 프랑스에서의 물놀이는 놀라움의 연속이었다. 우리 집 아이들도 이제는 아무 준비 없이 바다에 가더라도 팬티 바람으로 신나게 놀다 물기만 말린 채 옷을 주섬주섬 입고 집으로 간다. 한국에선 상상도 할 수 없었던 나의 육아는 이곳에 와서 그렇게 간결해졌다.

머리를 바짝 묶은 한국 여자아이들과 달리 프랑스에는 머리를 묶지 않은 아이들이 더 많다. 머리끈이 비싼 탓도 있겠고, 머릿결이 다른 탓도 있겠지만 대충 빗어 넘긴 머리에 나도 아이들의 흐트러진 머리칼이 별로 신경 쓰이지 않게 되었다. 아무도 누가 어떤 옷을 입었는지 신경 쓰지 않는 덕분인지 아이들이 이상한 조합으로 옷을 입는다 해도 마음이 너그러워진다. 원피스 안에 입은 긴 바지, 해가 반짝이는 날에 신은 장화마저도.

아이들이 마당을 뒹굴다 잔디밭에 외투를 깔고 돗자리 삼아 앉는다. 바닥을 기어다녀도 내버려두고, 옷이 더러워져도 괜찮다고 한다. 이곳에서는 시선으로부터 자유로워진다.

"그럼 어때? 그게 왜 문제야?"

아침에 소풍 가는 아이가 저 멀찍이 떨어져 혼자 있는 모습을 보았다. 각국의 아이들이 모여 있는데, 반에 한국인 친구가 없는 데다 붙임성도 없는 첫째가 홀로 서 있다. 아이가 어떤 마음일까 궁금해지고 걱정된다. 그렇지만 그 또한 스스로 이겨내야 할 몫으로 남기고 아이가 집에 돌아오면 어떤 말을 해줄까, 아니 아이의 말을 어떻게 들어줘야 할까 정도만 고민하고 나머지는 잊기로 한다.

　과거에는 어린이집 선생님으로부터 아이가 친구들과 잘 어울리지 못해 걱정이라는 전화를 받았다. 첫째가 한국 나이로 만 3살이었다. 아이가 어릴 때 그런 전화를 받았다고 하면 모두가 걱정스러운 눈빛을 하며 놀란다. 나와 남편은 언제나 아이에게 말했다.

　"그럼 어때? 친구가 없는 게 왜 문제야? 혼자서 잘 놀 줄 알아야 다른 사람들과도 잘 놀 수 있는 거야."
　"그럼 어때? 뭐가 이상해? 이상하다고 생각하는 게 이상한 거야. 사람들은 원래 다 이상하니까 이상한 게 정상이야."

　아이가 그냥 혼자 놀게 됐다. 외로우면 스스로 친구도 찾겠지 싶었다. 그런 첫째가 며칠 전 동네 프랑스 여자아이 2명, 옆집 미국 여자아이 2명을 데리고 집으로 들어왔다. 놀고 있는데 친구들이 바라보길래 같이 놀자고 데려왔다고 한다. 시간이 오래 걸렸지만 아이는 결국 **방법을 찾아냈다.**

친구가 없으면 외로워하는 둘째도, 친구가 없어도 크게 외로워하지 않는 첫째도 모두가 괜찮아졌다. 아이는 언제나처럼 잘 해낼 것이고, 문제가 있으면 내게 요청해올 것이고, 지금 잘 해내지 못해도 언젠가는 잘 해낼 것이라 믿는다.

아이가 듣고 싶은 말도 가끔 해주세요

전작에서 저학년 아이들이 부모님께 가장 듣고 싶은 말이 "잘했어.", "틀려도 괜찮아.", "사랑해."라고 했다. 고학년 아이들이 듣고 싶은 말은 무엇일까? "내 딸이라서 자랑스러워.", "우리 아들이 최고야. 사랑해."와 같은 사랑스럽고 예쁜 말을 기대했다면 실망스러울지도 모르겠다. 고학년 아이들은 언제나 이런 말을 듣고 싶다고 말한다.

"학원 가기 싫으면 가지 마."
"종일 게임 해도 돼."
"온종일 놀아."
"늦게 자도 돼."

운동부였던 한 남자아이가 내게 전화를 빌려달라고 했다. 이유는 아침부터 훈련하고, 오후에 체육까지 하고 나니 힘들어 학원을 가고 싶지 않다고, 그래서 엄마에게 허락을 받겠다고 했다. 나는 과연 가능한 일인가 싶었지만, 수화기 너머로 들려오는 아이 엄마의 목소리는 차분하고 다정하고 따뜻했다. 전화를 끊고 나서 아이에게 어떻게 되었냐 묻자 학원에서 할 공부를 집에서 대신하기로 했고 하루 쉬는 것을 허락받았다고 했다.

학원을 쉬어도 되느냐는 화날 법한 질문에 나는 "그래, 하루 쉬고 싶으면 쉬자. 그런데 무슨 일인지 말해줄래?"라고 대답하는 그런 엄마가 될 수 있을까 생각했다. 머리로는 알지만, 실전에선 튀어나오지 않는 말을 실제로 듣고 나니 아이에게 '합당한 이유가 있다면' 쉼을 허락하는 엄마가 되고 싶다 생각했다. 그렇게 학원을 가고 싶지 않다고 하루 빠지게 해주면, 다음에도 또 그러진 않을까? 학원에 빠지는 것이 습관이 되면 어쩌나 생각했는데 그건 어른인 나의 착각이었다.

남편이 프랑스 직장에서 일하는 모습을 보고 느낀 것은 많은 사람이 '워라밸(일과 삶의 균형)'을 맞추어 일하는 모습이었다. 워라밸을 맞춘다는 것이 느슨하게 일한다는 뜻은 아니다. 일할 때는 누구보다 열심히 하고 주말과 밤낮이 없지만, 휴가를 가거나 몸이 아플 때는 확실히 쉬면서 재충전을 하는 모습이 인상적이다. 아이들도 균형을 잘 맞추어야 한다. 그리고 엄마의 삶도 마찬가지다. 균형이 있어야 엄마도, 아이도 지치지 않는다.

아이들에게 일work은 공부, 스스로 하기, 실수와 훈육으로 배우기라면 아이들의 삶life은 놀기, 응석과 애교 부리기가 아닐까? 아이들의 삶은 곧 놀이play다. 그래서 아이들이 '워플밸(일과 놀이의 균형)'을 잘 맞추면 좋겠다. 공부하는 시간 말고는 휴대전화로 게임만 하니 학원이라도 보내야겠다는 부모님들을 본다. 아이가 종일 핸드폰 게임만 해서 걱정이라는 부모님께, 학교에서 '쉬는 시간'을 보여드리고 싶다. 전자기기 하나 없어도 그 짧은 쉬는 시간에 얼마나 창의적인 놀이를 만들어 노는지를 말이다. 아이들은 어떠한 방법으로든 놀아낸다. 공부했으면 그만큼 쉬어야 한다.

공부를 중요하게 생각하는 부모님들은 아이를 놀게 해주고 싶다한다. 아이를 많이 놀게 하는 부모님들은 계속 이렇게 놀려도 될까 걱정하신다. 해결 방법은 간단하다. 아이들은 열심히 공부하고, 또 열심히 공부한 만큼 놀면 된다. 학교에 와서 열심히 공부하고, 집에 가서 숙제와 복습, 꼭 필요한 사교육, 부족한 부분은 방학을 이용해 보충하고 나머지 시간은 열심히 놀면 된다. 아이들의 놀이란 대단한 것이 아니다. 집에 가만히 놔두면 알아서 놀 것이다. 아이가 힘들다고 하면 하루 쉬고, 꼭 해야 한다면 옆에 앉아 끝까지 하도록 도우면 된다.

아이들이 덮어놓고 쉬고 싶어 하진 않는다. 물론 쉬고 싶지만, 공부도 열심히 하고 싶어 한다.

"선생님! 저희 공부 진짜 열심히 할 테니까 오늘 체육 2시간 해요!"

"좋아. 그러면 한 명도 빠짐없이 열심히 하면 5~6교시는 체육이야. 대신 점심 시간에 선생님이 퀴즈 내는 것을 다 맞춰야 갈 수 있는데. 잘할 수 있겠어?"

"네!!!!!!!!!!!!!!!!!!!"

아이들은 눈빛이 반짝거린다. 심지어 쉬는 시간에도 퀴즈 공부를 하고, 못하는 친구들까지 독려해가며 체육 시간을 기다린다.

스승의 날이라며 찾아온 중학생이 된 옛 제자가 중간고사를 잘 봤다며 내게 자랑을 했다.

"그런데 저 시험을 망칠 뻔했어요. 엄마가 시험 전날 놀러 가자고 하시는 거예요. 아빠는 그럼 말리셔야 되는데 같이 가자고 하셔서 저는 안 갔어요."

"엄마가 그러셨어?"

"네, 시험공부를 미리 해놨어야지. 이제 와서 한 글자 더 보는 게 무슨 소용이냐면서 같이 놀러 가자 하시는 거예요. 엄마가 너무하신 것 같아요."

이런 소설 같은 이야기를 듣고 있노라면 전생에 나라를 몇 번이나 구해야 이런 딸을 낳을 수 있는 건가 싶다. 이렇게까지 이상적인 엄마는 아니더라도 아이들의 삶에 균형을 맞춰주는 엄마가 되어야겠다 다짐한다.

"학원 빠지고 오늘은 엄마랑 놀러 갈까?"

"오늘 학교 일찍 마치는 날이니까 아빠랑 놀이동산 다녀올래?"

가끔 아이들이 듣고 싶은 말을 엄마, 아빠가 먼저 해주면 어떨까?

가기 싫지만 학원도 가고, 숙제도 해내고, 혼나고 울면서도 해야 할 일을 해내는 아이들이다. 어른들이라면 해낼 수 있을까 싶은 일과를 해내는 아이들에게 번아웃이 오기 전에 말해보자.

"그래. 우리 오늘 하루는 좀 쉬었다 가자. 물론 내일은 안 된다!"

집에서 아이들과 무엇을 할 때는 보지 않는 쪽을 택한다. 아이가 문제집을 풀면 나는 옆에서 다른 일을 한다. 아이가 스스로 할 수 있도록 기다리는데, 기다리지 못하겠으면 보지 않는다. 일하지 않고 집에서 아이들과 있는 시간이 많아지자, 그 시간만큼 아이에게 잔소리가 많아졌다. 나는 굳이 하지 않아도 될 일들을 찾아서 일을 벌이고, 하지 않아도 될 공부를 찾아서 하기 시작했다. 물리적으로 아이들을 보지 않으려는 노력에서다. 약속 시각에 늦는 친구를 기다릴 때도, 다른 일을 하고 있으면 기다리는 시간이 지루하지 않다. 아이들을 기다리는 일에 내가 집중할 수 있는 다른 일을 한다.

아이들은 쳐다보고 있으면 해내지 못할 것 같은 일들을 지켜보지 않으면 알아서 해낸다. 그런데 보통 모든 시기를 부모가 정하고, 아이가 따라오기를 기다린다. 따라오지 않는 아이에게 화가 난다. 아이와 만날 시간을 언제나 부모가 정해놓고 기다린 셈이다. 아이는 한글을 11시쯤 뗄 생각이었는데, 부모는 9시부터 뗐으면 하고 조급해한다. 아이가 걸어오는지, 택시를 타는지 묻지도 않는다. 아이가 동의하지 않은 시간을 정해놓고 혼자 기다리면서 아이에게 왜 이렇게 오지 않느냐고 발을 동동구르며 화낸다.

아이를 기다리지 않으면 아이가 온다. 걸음마를 하는 시기도 아이마다 차이가 나지만 기다리면 모두 걷게 되고, 말하는 시기도, 한글에 관심을 두는 시기도, 책을 좋아하는 시기도, 용기 내어 무언가를 시작하는 시기도 다 다르지만 결국 온다. 아이들은 각자의 때에 무르익는다는 것을 학교의 아이들을 보면서 알게 된다. 덕분에 나의 아이들도 기다리지 않는 여유가 생긴다. 아이가 잠들기 전 미리 야식을 시켜놓고 아이가 자기를 기다리면 더 안 잔다. 화가 치밀어오르지 않으려면 아이가 잠들고 나서 시켜도 늦지 않다. 더 따끈따끈한 치킨에 시원한 맥주를 마실 테니 말이다.

글쓰기가 재밌어지는 도구

두 아이를 아이 주도 이유식으로 키웠다. 나는 아이에게 손으로 먹게 하는 것을 시작으로 숟가락과 젓가락을 일찍 사용하게 했다. 아이가 먹는 것에 흥미를 잃으면 국자로 떠먹게 하고, 밥주걱에 밥을 붙여서 주기도 하고 각종 조리 도구를 먹는 일에 쓰게 했다. 아이들은 새로운 도구들에 재미를 느끼면서 스스로 먹는 일에 흥미를 보였다.

주방 놀이에 관심을 가질 때에도 위험하지 않은 주방 도구들을 아이 손이 닿는 곳에 두고, 놀이에 직접 활용하게 했다. 장난감 음식으로도 놀게 했지만 미역, 국수, 채소, 실제로 사용하는 양념, 쌀, 잡곡을 놀이에 쓰게 했다. 아이들은 장난감 주방 놀이도 좋아했지만, 실제 도구를 더 좋아했다. 깨끗이 씻어 모아둔 재활용 쓰레기가 가끔 더 좋은 주방 놀이 장난감이 되기도 했다.

아이들이 그림을 그리려 할 때도 메모지부터 전지에 이르기까지 다양한 크기의 종이에 그림을 그리게 하고 물감, 색연필, 모래, 소금, 휴지, 약병, 붓, 야채 탈수기 등 그리는 데 쓸 수 있는 것은 무엇이든 그리는 도구로 쓰게 했다.

아이들이 작은 손으로 연필을 쥐고 많은 양의 글을 써내는 것은 힘든 작업이다. 쓰는 데 필요한 근육이 아직 섬세하게 발달하지 못해, 실제로 손이 아파 글을 쓰기 힘들어하는 아이들도 많다. 글쓰기에 흥미를 붙이려면 다양한 도구들을 학습에 활용해 쓰기에 재미를 붙이면 좋다. 무엇이든 쥐고 자꾸 쓰다 보면 쓰는 데 필요한 근육들이 발달한다. 손이 아파 글을 쓰지 못하는 일은 없다.

본격적인 교과 과목을 배우는 초등학교 3학년 아이들에게 포스트잇, 형광펜, 빨간색 볼펜과 파란색 볼펜을 교과서 필기에 쓰도록 했다. 3학년만 되어도 아이들이 한글을 모두 떼고, 작은 글씨 필기가 가능해진다. 연필과 지우개만 쓰던 아이들이라 교과서에 포스트잇만 붙여도 금세 흥미를 느끼고 필기하는 모습을 본다. 미니 화이트보드나 이젤 패드만 꺼내놓아도 집중력이 다르다.

아이들이 다니는 프랑스 학교의 준비물이 한국 학교 준비물과 너무 달라 처음에는 당황했다. 만년필과 만년필 지우개, 지워지는 볼펜과 형광펜, 어른들이 쓸 법한 다이어리가 필수 준비물이었다. 학생은 연필과 지우개, 공책만 써야 한다는 고정관념을 버리고 나니 아이들이 다양한 도구를 사용하며 학습에 흥미를 갖는 것도 좋겠다고 생각했다.

초등학교 교사들은 1년에 한 번씩 문구 카탈로그를 받는데, 새로

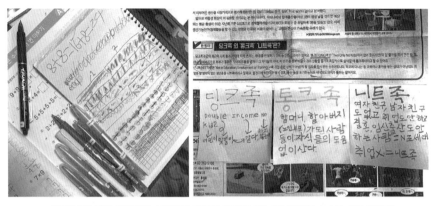

○ 여러 가지 볼펜, 형광펜을 사용해서 공부한 공책(왼쪽)과 초3 학생이 스스로 중요 내용에
  포스트잇을 활용한 모습(오른쪽).

운 교구나 학습 물품들을 카탈로그를 통해 확인하고 학기에 필요한
준비물을 준비한다. 다른 직군보다 문구점에 갈 일도 많다. 갈 때마다
새롭고 아이디어 넘치는 문구들을 볼 때면 어떻게 학습에 활용할지
고민하는 시간이 꽤나 즐겁기도 하다.

　　연필과 지우개, 공책이나 알림장에서 벗어나 플래너나 스케줄러,
인덱스 하이라이터, 포스트잇, 형광펜, 화이트보드나 이젤 패드 같은
것을 학습 도구로 삼아 공부에 재미를 더해주자. 가만히 놔두어도 공
부를 잘하는 아이거나 책을 좋아하는 아이들은 연필만 쥐여주어도
스스로 잘하겠지만, 교실에서는 사실 너덧 명의 아이를 제외하고는
교과서에 재미를 가지고 즐겁게 수업에 참여하는 아이는 거의 없다.
어떻게 해서든 아이들이 공부에 재미를 붙일 수 있게 다양한 수업 기

술과 교구들을 활용하는데, 생소한 도구가 집중력에 큰 도움이 된다. 더불어 아이들이 노트 필기하는 기술, 정리하는 기술, 중요 내용이나 키워드 찾는 방법도 스스로 찾아가게 된다. 집중력을 흩트리지 않는 선에서 학습을 돕는 다양한 도구를 활용해보기를 추천한다. 내일 아이와 문구점에 가보면 어떨까?

3장

엄마의 양육환경

: 자기주도적인 아이를 만드는 것은
부모가 아니라 '환경'이다

어떤 문제를 '말'로만 해결하려고 하면 해결이 안 된다. 늘 같은 상황과 장소에서 아이들은 문제를 애써 고칠 생각이 없기 때문이다. 말로 고쳐질 작은 문제는 말로 해결하면 되지만, 그렇지 않고 계속되는 문제는 환경을 바꾸어야 한다.

주택에서 살았던 나는 집을 설계할 때, 아침부터 저녁까지 내가 하는 집안일의 동선을 세세하게 파악해서 집 공간을 설계했다. 예를 들면 샤워할 때 벗은 옷과 몸을 닦고 난 수건을 세탁실로 가져가고, 그것을 빨래해서 베란다로 가져가 넌 다음, 다시 거실로 가져와 정리하고, 각 방으로 옮기는 일이 내게는 귀찮았다. 계절마다 정리해야 하는 옷들은 또 식구별로 얼마나 많은가! 워킹맘인 내게 1년에 네 번 해결해야 하는 가장 큰 숙제였다. 그래서 현관 옆에 세탁실-욕실-드레스룸을 연결해서 배치했다.

옷을 벗어 세탁실에 넣고, 욕실로 가 샤워한 뒤 드레스룸에서 잠옷으로 갈아입는 동선이다. 현관 바로 옆에 드레스룸을 두었더니, 외투가 거실 소파에 뒹구는 일이 사라졌다. 아이들은 자연스럽게 옷을 벗어 세탁실에 두었다. 나는 아이들에게 잔소리를 줄이는 대신 비효율적인 공간 배치로 정신적 안락함을 얻었다. 세탁실과 욕실, 드레스룸을 그렇게 배치함으로써 더 넓은 공간을 얻을 수 있었던 설계마저 포기했다. 드레스룸에 최대한 많은 수납장을 욱여넣었다. 사람 한 명이 간신히 옷을 갈아입을 공간만 남겨둔 채, 드레스룸에 수납을 꽉 채워놓으니 계절마다 옷을 정리하지 않아도 되었다.

내가 가장 힘들어하는 부분을 집 구조로 해결했다. 가령 안방에 작은 공간을 마련해 이불장을 만들고, 쌀통 보관 장소 옆에 밥솥 서랍을 만들고, 부엌에서 바깥으로 쓰레기를 바로 버릴 수 있도록 주방을 배치하고, 현관에 외투를 거는 옷장을 만들기도 했다. 주방 옆에 모래놀이터를 만들어 내가 요리하는 동안 아이들이 바깥에서 노는 모습을 지켜볼 수 있게 했고, 아이들이 마당 밖 차도로 나가지 못하도록 중정으로 벽을 세워 막았다.

집의 동선과 집안일의 동선을 치밀하게 맞추자 아이들에게 잔소리할 일이 사라졌다. 아이들은 신발을 벗고 들어오는 순간부터 내가 설계한 동선에 따라 움직였다. 환경을 바꾸는 것만으로도 나는 말하지 않고도 아이들을 스스로 움직이게 했다. 아파트든, 주택이든, 여행지든, 커피숍이든 부모에게 편리한 양육환경을 조성하는 아이디어는 너무나 많다.

놀이는 부족함이 없게,
공부는 조금만 시켜요

질렸다. 한동안 좋아하는 노래를 1시간 동안 연속으로 틀어놓았더니 질려버렸다. 커피머신을 사서 바닐라 라테를 매일 먹었는데 네 통째 먹다 보니 질려버렸다. 프랑스에 와서 매주 숙제처럼 여행을 다녔더니 여행도 질렸다. 짐을 싸고 푸는 일에 질려버렸다. 프랑스 마트에 가면 새로운 음식들을 고르느라 서너 시간은 머물렀는데, 일주일에 두세 번씩 마트에 가니 익숙한 장소에 질렸다.

아이가 망고 맛 요거트를 좋아하기에 12개짜리 한 묶음을 두 묶음이나 사놓았더니 질린다고 먹기 싫단다. 학교에서 아이들이 빙고 놀이가 재밌다고 하기에 수업 시간 마치기 5분 전에 빙고 놀이를 했는데 한 달쯤 지나가니 아이들이 지겹다고 그만하자고 했다. 세계 수도를 읊는 수도송을 틀어달라고 해서 쉬는 시간마다 틀어주었더니 이제 그만 듣고 싶다고 했다. 제아무리 재미있는 일도 질리도록 하고 나면 재미가 없다. 아이들에게 공부는 질리게 시키고, 재미있는 게임이나 유튜브는 감질나게 보여주니 아이들은 공부가 재미없고, 게임이 재미있다.

처음 프랑스에 와서 학교도 안 가고, 이삿짐도 오지 않아 에어비앤비에서 아무것도 없이 앉아 있는 아이들이 짠해 불어 만화를 틀어주었다. 그간 보지 않던 TV를 보자, 둘째가 급속도로 관심을 두기 시작했다. 알아듣지 못하는데도 말이다. 처음에는 30분이던 것이 금세 1시간이 되고, 아이가 눈도 깜빡거리지 않고 중독되는 듯한 모습을 보이자 걱정되어 끄게 했다. 아이는 울고불고 난리가 났다.

"지금부터 엄마가 TV를 끄라고 할 때까지 끌 수 없고, 계속 봐야 해."

아이는 신나서 TV를 보기 시작했다. 그만 보고 싶다고 말하는 순간에도 나는 TV에서 눈을 뗄 수 없게 했다. 아이는 그만 보면 안 되느냐고 사정했지만 나는 TV를 보여주며 밥도 먹게 하고, 잠깐 화장실에 가는 것 빼고는 5시간이 넘게 쉬지 않고 TV를 보게 했다. 아이는 두 번 다시 TV를 계속 보겠다는 말을 하지 않았다.

내 기억 속에서 부모님은 공부하라는 말을 하지 않았다. 공부하고 있으면 "나와서 과일 먹어라.", "네가 좋아하는 TV 프로그램을 재방송하네."라는 말로 내 집중력을 깨트려 화나게 한 기억이 있다. 고등학교 때 야간자율학습을 마치고 집에 오는 우리 자매를 위해 부모님은 좋아하는 드라마를 녹화해놓고 기다리셨다.

공부를 알아서 잘했기 때문이라고 생각하겠지만, 나는 한글을 떼지 못하고 초등학교에 들어갔다. 구구단을 거꾸로 외우지 못해 학교에서 남아 나머지 공부를 했다. 나눗셈의 의미를 이해하지 못해 방과 후에 보충수업을 듣기도 했다. 그런 내게 엄마는 문제집이나 책보다는 색종이, 찰흙을 사다 주셨고 플레이 도우라는 클레이 장난감이 나왔을 때는 찰흙 대신 플레이 도우를, 색종이는 언제나 박스로, 책 대신 도매 문구점에 가서 만들기 재료를 아낌없이 사다 주셨다. 내게 놀이는 부족함이 없었고, 공부는 내 인생을 위해 나 스스로 해야 하는 것이었다.

시험을 망치면 "그것은 네가 노력한 만큼이다."라고 하셨고 시험을 잘 보면 "그것은 네가 노력한 만큼이다."라고 하셨다. 아무리 잘해도 큰 칭찬을 하지 않으셨지만, 아무리 못해도 그 어떤 비난의 말도 없었다. 내 인생은 내 것이었다.

아이가 스스로 공부하게 하는 환경을 세팅하라

남편은 국제기구에서 일한다. 사람들은 좋은 환경에서 자라, 영어교육을 조기부터 받은 사람이 아닐까 생각하지만 그렇지 않다. 남편은 한 번도 어학연수를 다녀온 적이 없고, 외국에서 살아본 경험이 없다. 27살에 제주도 가는 비행기가 첫 비행이었던 남편은 지금 프랑스의 한 국제기구에서 영어를 쓰며 일한다. 남편은 학교 정규과정에서 영어를 배웠고, 대학에 가서 학원에 다니며 영어를 배우고, 직장에 다니는 동안 영어 공부를 손에서 놓지 않았다.

지금도 영어 실력은 완벽하지 않고, 발음은 더욱 엉망이지만 어학연수를 다녀온 나보다 영어를 잘하고, 영어로 업무를 한다. 그런 남편도 중학교 때 매일 14시간 동안 게임에 빠져 시어머니께 등짝을 맞아가며 컸다고 했다. 그때 그렇게 질리도록 게임한 탓에 남편은 지금 게임을 하지 않는다. 남편에게는 가장의 역할을 다하기 위해 매일 성실하게 직장에 나가는 아버지가 있었고, 퇴직 후에도 계속해서 일을 찾아 출근하는 아버지가 있다.

무라카미 하루키는 《직업으로서의 소설가》라는 책에서 30년이 넘는 오랜 시간 동안 작품 활동을 하게 한 것은 '매일 200자 원고지 20매'라는 원칙을 정해놓고 지킨 루틴 덕분이라고 했다. 그런데 덜 쓰고 싶어도 20매를 썼고, 더 쓰고 싶어도 20매만 썼다고 한다. 질리도록 쓰지 않고, 내일 쓸 것을 남겨두는 지혜다. **아이들에게 못하게 했**

으면 하는 것들은 질리도록 하게 하고, 했으면 하는 것은 감질나게 시켜야 한다.

내가 글을 쓰거나 공부할 때 아이들도 옆에서 문제집을 푸는데 가끔 아이들이 재밌다고 더 풀고 싶다고 하면 나는 절대 분량을 넘겨서는 안 된다고 한다. 그만 풀게 한다. 어려운 문제가 나오거나 풀기 싫은 날에는 분량을 줄여주기도 하고, 잘 안 풀리는 문제는 절대 도와주지 않고 한 문제만 풀어보라고 한다. 그것을 해결하는 즐거움을 맛보면 아이는 다른 문제도 풀고 싶지만 그럴 수 없다.

놀이할 때는 욕구불만이 없도록 시간제한을 두지 않는다. 바닷가에 가면 힘들어서 그만 놀자고 할 때까지 놀게 하고, 수영장에 놀러 가면 온종일 수영장을 지킨다. 질려서 그만하자고 할 때까지 말이다. 주기적으로 대형 도매 문구점에 가서 눈알, 수수깡, 색종이(색종이도 둥근 색종이, 긴 색종이, 동물 색종이, 반짝이 색종이 등등 다양한 색종이가 있다), 동그라미 풀, 세모 풀, 공예용 모루, 스티로폼 공 등 만들기 재료를 사서 놀이방에 놓아둔다. 강력테이프, 양면테이프, 재접착 테이프 등등 종류별로 다양하게 준비해두면 놀이방에 들어간 아이가 나오지 않는다. 아크릴 물감, 수채화 물감, 도장 물감, 큰 붓, 납작붓을 종류별로 구비해놓고, 스티커도 종류별로 사놓는다.

놀이에는 부족함이 없게, 공부는 조금만. 이것이 아이들을 스스로 움직이게 하는 비법이다. 종일 놀이방에서 만들기를 하고, 마당에서 놀다가 아빠 손에 이끌려 공원을 다녀오면 에너지를 다 소진한 아이들은 지쳐서 가만히 앉아 있는다. 빨리 자라는 말을 싫어하는 아이들이 책을 읽는다고 책을 가지고 방으로 오면 불을 꺼버린다.

"책은 무슨 책이야. 빨리 자!"라고 하면 아이들은 타이머를 맞추고 5분만 책을 읽게 해달라고 말한다. 언제나 한 입만 먹는 라면이 제일 맛있다. 공부도 한 입만 하면 어떨까? "공부 그만해. 20분만 하는 거야. 그만하고 나가 놀아. 빨리!"

* 아이들이 스스로 해야 할 일을 정하고 지켜야 할 때 쓰세요!

특별히 잔소리하지 않아도 아이들이 해야 할 일들을 스스로 해내게 만드는 앱이다.

1. 타임스탬프

사진을 찍으면 그날의 날짜와 시간이 나오게 하는 앱이다. 다이어트 식단, 스터디 일지를 기록하는 용도로 많이 사용하는데 나는 아이들이 해야 할 일을 지키면 사진을 찍게 한다. 이를테면 일기를 썼다든지, 운동했다든지 할 일을 증거로 남겨두는 것이다. 전날 찍은 사진을 오늘 편집해도 전날의 날짜로 입력되어 조작할 수 없다. 사진을 모으는 재미가 있고, 아이들이 스스로 찍어두면 엄마가 한 번에 모아서 확인할 수 있어 좋다.

2. 데이스탬프

해야 할 일을 써놓고, 체크 박스로 지우는 앱이다. 아이가 색깔을 지정해서 해야 할 일을 적었다가 체크하면 색깔이 회색으로 변해 완수한 것을 시각적으로 확인하는 즐거움이 있다. 엄마가 해야 할 일도 함께 적어두니, 가족이 서로 응원하고 감시하는 효과가 있다.

머리 큰 아이는 커피숍 가서 혼내세요

아이들의 일기장을 읽다 보면 저학년 때는 가족들과 놀러 간 이야기, 엄마, 아빠를 사랑한다는 고백들이 종종 이어지지만, 고학년이 되면 친구들과 놀러 간 이야기, 엄마, 아빠에 대한 서운함을 고백하는 이야기가 많다. 고학년 아이들에겐 부모 대신 친구가 나를 잘 알아주고, 내 마음을 잘 이해하는 사람이기 때문일 것이다. 사춘기에 접어든 고학년 아이들이 많이 하는 말들이다.

"엄마는 아무것도 모르면서 자꾸 뭐라고 해요."

"내가 알아서 할 텐데 자꾸 잔소리하세요."

"나도 아는데 계속 말해요."

아이들의 마음을 다 안다고 생각하고 가르쳐주고 싶은데 아이들은 자꾸 스스로 해결하려고 한다. 아직 엄마, 아빠 눈에는 아기인 녀석들인데 말이다. 자꾸 이야기하다 보면 언성이 높아지기도 하고 감정이 격해져 아이에게 해야 할 훈육이 싸움이 된다. 부모가 생각하는 옳음에 아이가 수긍하지 않아 아름답지 못한 상황이 이어진다.

"엄마는 무섭긴 한데 제 말을 잘 들어주시고, 저를 잘 이해해주시는 편이에요." 아이들이 엄마, 아빠에 대해 원성이 자자했던 어느 날의 도덕 수업에서 한 남자아이가 이렇게 말했다. 나는 적잖이 충격받았고, 사춘기에 접어든 고학년 남자아이 입에서 저런 말이 나올 수 있는 것인지 의심마저 들었다.

학부모 상담에서 아이가 이렇게 말했다며 도대체 비밀이 무엇인지 여쭈었다. 특별한 방법은 없고 밖으로 나간다고 하셨다. 하루는 아이에게 평소와 마찬가지로 훈계하려고 했더니 아이가 대들기 시작한 순간, 사춘기가 왔구나 싶어 작전을 달리하셨다. 아이가 눈빛이 변하고 대들며 한숨 쉬자 아이에게 손이 올라갔는데 아이가 손을 덥석 잡더라는 것이다. 방문 닫고 들어가는 아이의 뒤통수에 대고 소리를 지르자 훈계가 아닌 화풀이가 되어버렸다. 이래선 안 되겠다 싶어 밖으로 나갔다고 했다. 아이와 함께.

아이에게 해야 할 잔소리가 있으면 커피숍이나 공원 벤치에 앉아 이야기했더니, 주변의 시선이 신경 쓰여 아이에게 감정을 섞지 않게 되었다고 했다. 장소만 바뀌었을 뿐인데 엄마의 말투가 바뀌고, 그러자 아이도 솔직한 속마음을 드러내기 시작했다. 그랬더니 집에서도 그런 대화가 가능해졌고, 서로를 이해하는 마음의 폭이 넓어지기 시작했다며, 내게도 꼭 사춘기 아이와는 바깥에서 대화하기를 강력하게 추천하셨다.

"이야기 좀 하게 밖으로 가자."라고 하면 절대 같이 가지 않는다. 필요한 물건을 함께 사러 가자고 하거나, 옷을 사주며 마음의 문을 살짝 열고 무슨 고민이 있는지, 도움이 필요한지를 물어 자연스럽게 이야기를 꺼내게 하는 것이 포인트다.

"너 집에 가서 보자." 밖에서는 주변의 시선도 있고, 아이의 체면도 있으니 혼낼 일이 생겨도 일단 넘어간다. 집에 가서 다시 보면 화가 가라앉아 그냥 넘어가거나, 밖에서 참은 것들을 쏟아내기도 한다. 화나서 아이에게 좋은 말이 안 나올 때는 집에 가서 보지 말고 밖에서 봐야 한다. 주택에 사는 나는 가끔 아이를 혼내다 옆집에서 소리가 들리면 이성을 찾곤 했다. 화를 참지 못할 것 같은 상황에서는 활짝 열어놓은 창문을 닫았다. 나 스스로 말을 조심하기 위해 창문을 열어놓으려 하지만 언제나 남는 것은 후회와 부끄러움뿐이었다. **환경을 바꾸어 아이를 다른 장소에서 바라보고, 나의 말을 점검할 수 있는 환경에서 아이와 대화해야겠다고 다짐한다.** 내 이야기를 늘어놓지 않고, 아이의 말을 들어주는 대화의 팁도 정말 중요하다고 느낀다.

"어릴 때는 제 마음을 하나도 이해 안 해주시고 제가 이야기해도 잘 들어주지도 않으시더니, 이제 와서 저에 대해 모르는 것이 없어야 한다고 하셨어요. 핸드폰은 감시하려고 사주신 것 같아요."

사춘기가 되어서야 아이에게 관심을 가지니, 사춘기 아이들을 키우기가 힘이 든다. 어릴 때부터 대화를 많이 하고 아이의 마음을 잘 읽으며 키워도 사춘기가 되면 방문 닫고 들어간다. 어릴 때는 잘 놀아주지 않다가 사춘기가 되어서야 마음의 문을 두드리려고 하면 아이들도 힘들다. 아이의 교우 관계나 고민거리가 친구들과의 대화에 있을 것 같아 궁금한데, 아이들은 부모가 핸드폰 메시지를 확인하는 것이 감시처럼 느껴진다.

나는 학생들의 말에서 힌트를 얻는다. 아이가 하는 이야기들을 부정하지 않고, 있는 그대로 인정하고 받아주어야 한다. 첫째는 리액션이 없는 남편과의 대화를 좋아하고, 둘째는 긍정의 리액션이 넘쳐나는 나와의 대화를 좋아한다. 나는 남편이 대화할 줄 모르고, 예쁜 말을 잘 못하는 사람이라 생각했는데 첫째에게는 내가 대화가 잘 안 통하는 사람이었을지도 모른다는 생각이 든다. 진득하게 들어주는 것만으로도 좋은 대화가 될 수 있음을 남편을 보며 배운다. 아이에게 어떻게 잘 말해줄까 생각하기보다 어떻게 잘 들어줄까를 고민하고, 그리고 자신이 없을 때는 대화 장소를 바꾸는 노력으로 아이와의 대화를 놓지 않아야겠다.

일요일 저녁에
퇴실 청소를 시켜야 합니다

　국립국어원 표준국어대사전에 '월요병月曜病'이라는 단어가 등재되어 있다. 월요병이란 '한 주가 시작되는 월요일마다 정신적·육체적 피로나 힘이 없음을 느끼는 증상'이라고 한다. 내게 월요병은 휴직 중에도 일할 때도 찾아왔다. 휴직 중에는 아이들을 학교로, 남편을 일터로 보내고 본격적인 집안일을 시작하려고 '마음만' 먹은 날이다. 주말 내 어질러진 집을 정리하고 이불 빨래도 하고 주말에 장 봐놓은 과일로 청도 담그고 취미생활도 하고 우아하게 커피도 한잔하려고 '생각만' 하는 날이다.

　현실은 늦잠 자다 아침도 못 먹고 출근하는 남편을 미안한 마음으로 배웅하고, 역시나 늦잠 잔 아이들을 깨워 학교 앞까지 데려다주고 온 뒤에 체력이 방전된다. 잠깐만 쉬었다가 집안일을 하려고 하면 저학년인 큰아이가 올 시간이 된다. 시간이 어찌나 빨리 흐르는지, 아이가 오기 전에 집 안을 대충 정리하고 정신 차리고 첫째와 잠시 시간을 보내고 나면 둘째를 데리러 갈 시간이 된다. 저녁 준비를 미리 해놓으려고 했는데 현실은 그렇지 못하다. 언제나 내게 월요병은 무기력과 부지런함 사이에서 마음으로만 부지런한 무기력을 맞는 질병이다. 월요일을 무기력하게 보내고 나면, 화요일이 오고 수요일쯤 되면 주말만 기다리며 아이 뒤꽁무니만 종종 쫓아다니는 일주일을 보낸다.

일할 때는 월요일마다 절망을 맛보았다. 평일에 집안일을 할 시간도 체력도 없었으므로, 주말 아침은 대청소 전쟁이었다. 밀린 빨래부터 아이들 놀이방 정리, 거실과 부엌 청소, 모든 것이 집을 잃고 돌아다니는 물건들을 제자리에 놓고 나면 청소기와 물걸레질, 마지막으로 분노의 욕실 청소까지 마친다. 그리고 나면 외출이 하고 싶어진다. 쉬고 싶지만, 깨끗하게 청소해둔 집을 월요일 아침까지 그대로 두고 싶어 외출을 꼭 해야만 했다. 가족들이 외출 준비를 마치고 차에 타 있으면, 나는 휘뚜루마뚜루 외투를 입고, 가방을 어깨에 걸고, 립스틱을 주머니에 찔러 넣고는 빨래를 널고 뛰쳐나갔다. 끝없는 집안일이 눈앞에 보이지 않아야 쉴 수 있기에 외출이 필수였다. 그렇게 월요일이 찾아오면, 어김없이 전쟁 같은 일주일을 반복했다. 주말 내 치워놓은 집이 두어 시간이면 언제나 도돌이표였다.

나는 산뜻한 월요일을 위해 일요일 저녁에 대청소를 시작했다.

모두 함께 말이다. 주말 내내 집에서 함께 먹고, 쉬고, 놀고, 편안한 휴식처로 사용하신 가족 고객님들과 함께 일요일 저녁 퇴실 청소를 함께 했다. 저녁을 먹고, 함께 휴식을 취한 뒤에 각자 맡은 역할에 따라 청소하며 월요일을 준비한다. 아이들과 일주일 동안 어지럽힌 거실과 놀이방을 정리하고, 첫째에게는 청소기를 돌리게 하고, 둘째에게는 물걸레질을 시킨다. 가스레인지와 주방을 소독하고 행주까지 삶아 널고 나면, 저녁에 TV를 보며 함께 빨래를 널고 자기 전에 빨래를 갠 뒤 각자의 방으로 향한다.

집은 쉬는 곳이어야 한다

휴직 상태에서는 집 안 청소가 마치 내가 해야 할 일인 것 같아 가족과 함께 청소하는 것에 미안한 마음이 들었다. 마음은 미안한데, 체력이 받쳐주지를 않으니 청소하면서도 분노가 솟았다. 일할 때는 왜 나만 청소해야 하는가 싶어 분노가 폭발했다. 나의 불안한 정서는 집의 분위기를 흔들었다. 나는 도움을 요청하고 받는 것으로 마음의 죄책감을 이겨내기로 했다. 일요일 저녁에 가족의 도움을 받고 나면 그다음 일주일간 학교와 일터로 나간 가족을 대신해 집을 기꺼이 정리할 마음이 생겼다.

혼자서 서너 시간 할 청소를 다 함께 청소하면 1시간 만에 뚝딱이다. 깨끗하게 청소한 곳에서는 아이들도 깨끗하게 써야 할 책임감이 생긴다. 정리되고 깨끗한 환경에서는 무언가 더 열심히 할 마음도 생긴다. 월요일 아침, 깨끗하게 정리된 집에서는 무언가 더 할 수 있는 활력이 가득 찬다.

워킹맘에게도 집은 쉬는 곳이어야 한다. 일요일 저녁에 다 함께 하는 청소가 그다음 일주일을 잘 살아내고 돌아와 쉴 편안한 집을 만든다. 전업맘에게는 집이 활력소가 되어야 한다. 집이 청소하고 밥하느라 힘들어 한숨 쉬는 공간이 아니라 나만의 시간을 가지고, 좋아하는 일을 하며, 가족을 위해 기꺼이 가사를 돌보는 공간이 되어야 한다.

워킹맘에게는 산뜻하고 집중도 높은 월요일이, 전업맘에게는 끝없는 집안일에서 잠시 벗어나 활력을 재충전할 월요일이 펼쳐진다. 한 주의 시작을 어떻게 맞이하는가는 일주일, 한 달 그리고 1년을 보내는 삶의 질을 다르게 한다. 무기력한 월요일은 우울하게 흘려보내는 한 주를 시작하게 하고, 산뜻한 월요일은 자신과 가족에게 마음을 다하는 한 주를 맞이하게 한다.

"가족 고객님, 일요일 저녁 퇴실 청소할 시간입니다."

행복한 아이는 메뉴판을 내민다

"야, 너 때문에 망쳤잖아! 너는 하지 마!"

"선생님, 남자끼리만 모둠 하면 안 돼요? 얘는 이상하게 해요!"

모둠으로 무언가를 시키고 발표하게 하면, 여기저기서 볼멘소리가 터져 나온다. 비교적 무엇이든 잘하는 아이는 혼자서 결과물을 만들어낸 것보다 못한 결과물에 실망한다. 모둠학습을 주도하는 아이에의해 결과물이 만들어지기도 한다. 아이들에게 모둠학습이나 협동으로 무언가를 시킬 때는 언제나 말한다.

"모둠이 협력할 때 잘했다는 건 결과물로 알 수 있어. 한 명도 빠짐없이 참여한 내용이 결과물에 나타나야 하는 거야. 글씨를 잘 쓰고못 쓰는 것은 중요하지 않아. 지금은 글씨체를 연습하는 시간이 아니기 때문이야. 그림을 잘 그리고 못 그린 것도 중요하지 않아. 모둠학습에서는 친구들의 의견을 존중하고 의견을 나누어서 결과물 안에 모두의 흔적이 있어야 잘한 거야."

아이들이 너도나도 서로를 참여시키려 한다. 글씨체가 예쁘지 않은 아이에게도, 그림을 잘 못 그리는 아이에게도 함께하기를 독려한 아이들은 '잘' 만든 결과물을 얻고 싶어 한다. 그렇지만 모둠학습을 해야 하는 이유를 설명하고, '잘'이 아니라 '함께' 한 것이 평가의 가장 중요한 요소임을 알려준다.

학교에서 아이들에게 모둠별로 배추흰나비 애벌레가 있는 화분을 나눠주었다. 배추흰나비의 한살이를 관찰하게 하고, 어떤 모둠의 애벌레가 나비가 되는지 지켜보기로 했다. "어떤 모둠이 잘 키우는지 볼게!"라고 한 의도는 아이들이 애정을 쏟고 잘 관찰했으면 하는 마음이었는데 이 말이 화근이었다. 경쟁심이 불타오른 아이들이 너도나도 관찰하며 애정을 쏟는 와중에 한 아이가 실수로 화분을 떨어뜨렸다.

"야! 너 때문에 망쳤잖아!"

"내가 일부러 그런 거 아니잖아!"

"만지지 말고 보기만 해야지. 너 때문에 우리 모둠 다 망했어!"

아이들 사이에 싸움이 났다. 물론 내게 와서 이르는 것도 빠지지 않았다.

"생명이니까 물론 소중해. 애벌레가 나비가 되었으면 좋았겠지만, 모둠이 어떤 일을 할 때는 함께하는 친구의 마음을 더 소중하게 생각해야 해. 선생님은 나비가 되지 못한 것도 안타깝지만, 너희들의 마음이 나비가 되지 못한 것 같아 그게 더 안타깝네. 팀이 되어 함께할 때는 결과물보다 함께하는 친구들이 즐겁고 행복한 것이 더 중요한 거야."

아이들은 함께하는 것에 대한 의미를 알아가는지, 함께하는 활동을 할 때는 무엇이 중요한 것인지를 깨닫게 되었다. 카프라라고 불리는 납작한 나무로 된 막대블록이 있다. 쌓다가도 잘 무너지곤 하는데, 아이들이 이 놀이를 하다가 누군가 실수해서 무너지자 까르르 웃는 소리가 났다. 함께하는 것이 무엇인지 알아가는 것 같았다. 집에서도 마찬가지다.

가족이 무언가를 함께할 때는 결과물보다 과정의 즐거움에 집중했으면 좋겠다. 아이들과 함께 요리할 때는 잘 썬 애호박이 아니더라도, 아이들이 엉망으로 썬 그대로 요리에 사용하자. 된장찌개에 들어간 아이 주먹 만한 애호박도 웃으면서 먹으면 즐거움이 된다. 찌면 다 터져버릴 만두도 함께 만들고, **달걀말이에 달걀 껍데기가 씹혀도 아이가 즐겁게 참여했으면 그것으로 즐겁다. 엉망으로 개켜놓은 수건도 빨래를 함께 개며 즐거웠으면 그만이다.** 함께하는 즐거움에는 완성된 결과물보다는 즐겁게 함께한 과정이 더 중요하다. 모양이 이상한 음식도, 엉망으로 개켜놓은 수건도 어떻게 바라보느냐에 따라 만족스러운 결과물이 된다.

고사리 손에도 미션을 주어라

한 아이가 써온 기억에 남는 일기가 있다. 주말에 집에 손님이 오시자, 아이가 카페를 열어서 주문을 받고, 커피도 타 드리고, 주스도 컵에 따라 드렸다는 일기였다. 우리는 보통 집에 손님이 오시면 아이에게 방에 들어가라고 하거나, 어른들이 말씀을 나누는 데 끼어들면 안 된다는 말로 아이들을 물러가게 한다. 그런데 일기 속에서 아이는 손님을 맞이하는 가족의 한 구성원이었다.

아이가 할 수 있는 일을 제공하고, 그것을 실행하도록 돕는 작은 실천을 통해 아이를 독립된 인격체로 존중하고 있다는 점이 지금껏 내가 커온 방향이나 내가 아이를 대하는 방향과 달라서 긍정적인 충격이었다. 손님을 맞이하는 과정에 예상치 못한 아이의 실수마저도 품는 부모님의 태도가 아이를 대하는 다른 시각을 갖게 했다. 함께한다는 것은 잘하든 못하든 각자 역할을 해내고, 그 역할을 모아 다시 하나의 결과물로 만든다는 것을 의미한다. 나는 아이들의 서투른 고사리 손에도 작은 역할을 나누어주고 그것을 인정하는 부모의 태도를 배웠다.

친정 언니의 시댁 식구들은 새해가 되면 모두 모여 신년회를 하고, 연말에는 친정 언니네 식구끼리 송년회를 연다. 각자 이루고 싶은 새해 소원을 한 가지씩 공유하고, 연말에 그것을 잘 지킨 가족에게 상금을 주는 행사다. 온 가족이 모여 신년회와 송년회도 하지만 네 사람만의 송년회를 여는 것도 내게는 이색적이고 좋아 보였다. 언니네 가족을 따라 우리 가족도 송년회를 한다.

외식에 송년회라는 이름을 붙인 것이 전부지만, 아이들과 함께 한 해를 마무리하고, 좋았던 점과 아쉬웠던 점을 나누며 한 해를 떠나보내는 의식을 치른다. 아이들이 아무리 어려도 가족 행사를 만들고, 그 행사를 진행하고 참여하는 구성원이 되는 경험을 통해 아이들은 누구도 배제되지 않고 배려받으며 함께하는 것의 가치와 소속감을 알게 된다.

아이들과 조카들이 모이면 아이들의 이모부는 놀이터에서 미션 놀이를 한다. 미션의 가장 중요한 핵심은 함께 마무리하는 것이다. 예를 들면 코끼리 코를 열 번 돌고, 미끄럼틀을 타고 내려온 뒤, 줄넘기를 세 번 하고 동생의 손을 잡고 결승선에 들어오기와 같은 것이다. 그것을 처음에 2분 만에 했다면, 다음번에는 1분 30초에 도전하게 하여 함께하는 과제를 내준다. 아이들에게 경쟁심을 유발하거나 누군가의 실수로 도전에 실패하는 일은 없도록 한다. 어리고 작은 아이를 품어주는 큰아이들이 있기에 막냇동생도 이 과제에 참여할 수 있다. 어른은 가만히 앉아 말만 해도 아이들이 움직이니 좋고, 아이들은 함께하는 즐거움을 아니 좋다. 형부의 지혜를 무단으로 공유해본다. 과제를 해냈을 때 서로를 바라보며 웃는 아이들의 모습이 참으로 보기 좋다. 놀이터에서 꼭 해보기 바란다.

"같이 와야지 미션에 성공한 거야! 혼자 오면 지는 거다!"

여행에서 엄마와 아빠의 태도를 배운다

베트남 호이안의 한 호텔 복도 끝에서 한국어가 들려왔다. 조금 전 식당에서 장난치고 싸우던 형제들을 복도 끝으로 불러세운 엄마의 날카로운 목소리였다. 여행 내내 쌓인 화를 풀기 위해 진실의 방으로 불러낸 것 같았다.

"너네 좋으라고 온 거지! 엄마 좋으라고 온 거니? 이럴 거면 당장 짐 싸서 집에 가!!"

'엄마 좋으라고 온 거 아닌가?' 나는 속으로 생각했다. 아이들은 보통 집 앞 놀이터에서 그네나 미끄럼틀을 실컷 타면 좋아한다. 그것도 아니라면 워터파크에 가는 게 제일 좋을 것이다. 혼나고 있던 형제들의 나이라면 엄마, 아빠와의 여행보다는 친구들과 자전거 타고 동네를 누비며 떡볶이 사 먹고, 놀이터 한구석에 앉아 핸드폰 게임이나 실컷 하는 게 제일 좋을 것 같았다. 나는 나 좋으려고 여행 간다. 아이들도 좋아하면 좋겠지만 나와 같기를 바라지는 않는 마음으로 여행을 다닌다. 그래야 여행 가서 화나지 않는다.

아이들 없이 스페인 여행을 갔더라면 사그라다 파밀리아 성당의 멋진 무지갯빛 스테인드글라스만이 기억에 남았을 것이다. 아이들 덕분에 성당 가는 길에 잠들어 있던 비둘기도 내게 스페인 여행의 일부가 되었다. 내가 보고 느끼는 걸 아이들도 보고 느끼면 좋겠지만, 나를 위한 여행이 되면 꼭 그렇지 않아도 괜찮아진다(나만 보면 되니까). 아이들과 함께하는 여행은 어른들 눈에는 보이지 않는 거리의 보도블록 모양을 보게 하고, 내가 엄마가 아니었다면 들르지 않았을 시내 한복판의 그네 놀이터도 기억에 남는 여행지로 만든다. 아파트 옥상에서 빨래를 너는 아저씨마저 여행지의 풍경이 된다. 나를 위한 여행에 아이들이 함께해준 덕분으로 나는 아이들과 오지 않았다면 보지 못했을 곳까지 구석구석 본다. 나는 기꺼이 내 즐거움을 위한 여행에 아이들이 함께해주어 감사하다.

우리는 종종 나 자신을 위해서 돈을 쓰면 사치스럽다고 생각한다. 죄책감을 덜기 위해 '아이를 위해서 가는 것이야!'라고 생각하면 마음의 짐이 가벼워지는 것처럼 느낀다. 그렇지만 그렇게 시작하면 여행이 즐거울 수 없다.

비싼 교구나 책 전집을 사면 아이가 그것을 잘 이용해주었으면 하는 바람과 기대가 담긴다. 비싼 돈을 내어 원데이 클래스에 참여하고, 예쁘고 좋은 옷을 입히는 것은 사실 다 엄마의 만족이다. 그것은 '너' 좋으라고 하는 것이 아니라 '나' 좋으라고 하는 것임을 인정하면 아이에게 바랄 것이 없다. 참여한 것만으로 기쁘고, 입어준 것만으로 마음이 즐겁다.

여행도 마찬가지다. 비싼 돈을 들여 갔기 때문에 아이에게 무언가 계속 가르쳐주려 하고, 아이가 무언가 계속 보았으면 좋겠다. 하지만 아이들은 보지 않는다. 아이들이 내 뜻대로 따라주지 않으면 자꾸 화가 난다. "왜 이것을 보지 않니?", "이것 좀 봐 봐.", "저게 얼마나 유명한 건데, 눈에 담아 뒤!", "여기 서봐라. 사진 찍자." 잔소리하는 부모와의 여행이 아이에게 좋을 리가 없다.

여행으로 아이에게 줄 수 있는 것은 '삶을 대하는 태도'다. 이를테면 모두가 피곤한 여행지에서 아이가 징징거릴 때 나와 남편이 보여주는 태도, 긴 줄을 서야 하는 상황에서 우리의 선택, 예상치 못한 상황에서 우리의 대처 방식과 같은 것들 말이다. 내가 아이들과 함께 여행을 떠나는 이유는 아이들에게 멋진 관광지를 보여주려는 것이 아니고, 세계적으로 유명한 예술작품을 보여주려는 것도 아니다. 여행지에서 일어나는 다양한 일들을 맞닥뜨리는 부모의 태도, 집에서는 보여줄 수 없는 부모의 새로운 모습과 대화 방식, 어려움을 헤쳐나가는 자세, 아이들이 살면서 배워야 할 여러 가지 삶의 처세를 가르쳐주기 위해서다. 그런 여행에서는 호화로운 호텔도 필요 없고 비싼 외식도 필요 없다. 해외여행이 아니어도 되고, 모든 것이 완벽하게 준비된 여행이 아니어도 된다.

그래서 나의 여행은 언제나 지지리 궁상이다. 아이가 마음에 들어하는 곳이 그날 여행 일정의 전부가 되기도 한다. 아이들이 지쳐 쓰러져 그만 놀고 가자는 말을 할 때까지 말이다. 새벽이면 주먹밥 간식, 갈아입을 옷과 수건까지 야무지게 챙겨 간다. 그곳에 물이 있건, 진흙이 있건, 모래가 있건, 아이가 신발을 벗어 던지고 몸을 맡기게 한다.

아이들과 함께 호주 시드니의 공원 위에 작은 돗자리를 깔고 지나가는 구름을 바라보며 비닐봉지에 구깃구깃 넣어온 주먹밥을 먹는다. 멜버른 근처 작은 바닷가에 하염없이 앉아 모래 묻은 김밥을 나눠 먹는다. 내게는 멋진 관광지가, 아이들에게는 관광지 앞에 펼쳐진 너른 광장이 여행지가 된다. 내게는 멋진 바다가, 아이들에게는 모래사장이 여행지가 된다. 아이들이 잠시 잠든 사이 남편과 함께 커피숍에 가서 커피 한잔 마시는 것이 내게 여행이고, 가끔 아이들이 허락하면 미술관이나 소품 가게에 들르는 것이 소소한 즐거움이다. 유명 관광지나 예술작품은 나만 보면 된다. 아이들은 그것을 보는 나를 보게 될 것이다.

기억도 못할 어린아이들에게는 여행에 대한 즐거운 향기만 남겨주어도 본전이다. 꼭 기억을 남기려고 여행하는 건 아니다. 즐거운 여행은 아이들의 무의식에 남아 아이들 마음이 건강하게 자라나는 귀한 양분으로 쓰일 것이다. 그렇지 못하더라도 나의 마음속에 남아 내가 기억하면 그만이다. 아이들의 징징거림, 30kg이 다 되어가는 첫째를 등에 업고 오르막길을 오르는 고행길, 피곤함에 지친 아이들의 불만에도 나는 아이들에게 화내지 않을 수 있다. 나를 위한 여행이기 때문이다.

"엄마 좋으려고 온 건데, 같이 와줘서 고마워. 재미없고 힘들지? 아이스크림 하나 사줄게. 이거 먹고 조금만 기다려. 금방 보고 나올게. 미안해!"

사랑받고 자란 아이로 키우는 부부의 말

차분하고 조용하고, 매사 다정한 아이를 만났다. 어쩜 저렇게 잘 키웠을까 생각했는데 그 가족과 함께 여행하며 알게 되었다. 부부간의 대화가 차분하고 조용했다. 다정했고, 언성을 높이는 일이 없었고, 나 같으면 화냈을 상황에 차분한 대화를 나누었다. 아이를 잘 자라게 했던 비결은 부부간의 대화였음을 알게 되었다.

콩 심은 데 콩 나고, 팥 심은 데 팥 난다. 나와 남편의 대화가 콩이었기에 아이들은 콩처럼 대화했고, 함께 여행을 간 부부의 대화가 팥이었기에 그 집 아이들은 팥처럼 대화했다. 내가 아무리 아이에게 예쁘고 좋게 말하려 노력하고, 자녀와의 대화법을 공부하고 암기하고, 마음을 다스려가며 노력해도 남편과 나의 대화가 그렇지 못하다면 소용없겠구나 깨달았다.

　화가 나서 우는 아이를 기다려주고, 왜 화가 났는지 말하게 하는 연습을 시킨 적이 있다. 우는 아이에게 감정 표현하는 방법을 알려주려 애쓰지만 정작 우리 부부는 그렇지 못했다. 화난 채로 아이에게 말하고, 화를 듬뿍 담아 남편에게 쏘아붙였다. 화나서 우는 아이의 모습이 우리의 모습과 별반 다르지 않다. 남편에게 "지금 내가 이런 상황이라서 좀 화나. 조금만 이해해 줘."라든가 아내에게 "지금 당신이 이렇게 행동하니까 내가 기분이 안 좋은 것 같아."라고 말하지 않았다. 아이에게 가르쳐주고 싶다면 부부가 먼저 그런 대화를 나누어야 한다. 부부의 말은 언제나 아이들에게 훌륭한 교과서다.

　설거지하는 아내 뒤에 남편이 눈치 없이 누워있다고 하자. "여보, 지금 나 설거지하는 거 안 보여? 좀 도와줘야 하는 거 아니야? 정말 너무하네!" 대신에 "여보, 저기 있는 반찬통 뚜껑을 좀 닫아주고, 행주로 상 닦는 걸 도와주면 좋겠어. 혼자 하고 있으니까 힘들어서 기분이 안 좋아."라고 말하면 된다. 우리는 부부의 대화를 더 연습하고, 좋은 대화로 이끌도록 노력할 필요가 있다. 다 큰 어른에게도 지금 뭘 해야 할지 알려주어야 할 때 화가 난다. 그렇지만 우리가 해야 할 것은 무엇을 해야 할지 알려주는 것이 아니라, 화난 감정을 잘 표현하는 것이다.

　예전 같았으면 분통을 터트렸을지도 모른다. "그래서 이 모든 게 다 내 탓이라는 거야? 내가 뭘 그렇게 잘못했는데? 나처럼 열심히 사는 엄마 있으면 나와 보라 그래. 내가 얼마나 더 참고 살아야 하는데!

왜 다 내 탓이야?"

　가족을 위해 나만 변화해보려고 노력했던 시기에는 억울하고 화가 났다. '나'를 챙기고, '나'를 찾고, '나'를 돌본 다음 '엄마'로서의 역할을 찾으려 했더니 모든 것이 괜찮아졌다. 나를 바꾸고, 나와 가장 가까운 남편과의 대화를 바꾸고, 내 환경을 바꾸고, 내 마음을 바꾸려고 하자 모든 것이 괜찮아지기 시작했다. 내 행복과 안정이 우선되자, 남편과 잘해보고 싶은 마음이 생기고, 엄마로서 잘해봐야겠다는 마음이 생겼다. 오로지 나를 위해서, 남편과의 대화를 다시 돌아볼 용기가 생겼다.

아이를 키우는 데 남편이 도움이 되지 않는다면

"저는 아이에게 무엇이든 스스로 하게 하는 편인데, 남편 때문에 다 실패하는 것 같아요. '아이고, 우리 공주님' 하면서 얼마나 오냐오냐 키우는지. 이렇게 남편과 자녀교육관이 다를 땐 어떻게 해야 하죠? 이걸로 매번 부딪히고 싸워요."

　첫아이를 낳고 가장 힘들었던 것은 잠자다 일어나 우는 아이를 달래고, 기저귀를 갈아주고 분유를 먹이는 일이었다. 먹이고 씻기고 달래는 것도 다 괜찮은데 자다가 일어나 잠을 깼다가 다시 잠드는 일이 영 몸에 익숙하지 않았다. 누가 업어가도 모를 만큼 깊이 자는 사람이었던지라, 깊이 잠든 순간에 아이를 위해 몸을 일으키는 일이 쉽지 않았다.

서점에 가서 책을 찾았다. 아이를 눕혀 재우고, 조금 울더라도 기다려주라고 하기에 아이를 30분씩 울렸다. 결과는 실패였다. 다음에 읽은 책에서는 아이를 포대기로 업어서 키우라고 했다. 유럽에서는 포대기가 인기상품이라며 아이를 업어 키워도 된다고 했다. 눕혀 키우랬다가, 업어 키우랬다가, 어떤 책은 아이를 엄하게 지도하라고 했다가, 어떤 책은 다 받아주며 키우라 한다. 어느 장단에 맞춰야 할지 모르겠다.

이럴 때 우리는 '인지적 유연성'을 발휘해야 한다. 하버드대학교 아동발달 연구소 브레인 아키텍처Brain Architecture에서는 실행기능을 탄탄하게 마련하고 학교에 들어가는 것이 글자나 숫자를 알고 학교에 들어가는 것보다 훨씬 중요하다고 강조한다. 실행기능(작업기억, 억제력, 인지적 유연성)의 하나인 인지적 유연성은 어떤 일을 성공적으로 이끌기 위해 적절한 변화를 생각하고, 다양한 방법적 접근을 통해 유연한 사고로 문제를 해결할 수 있는 능력을 말한다. 즉, 지식을 상황에 맞게 재구성하는 능력이다.

우리는 아이를 낳아 기르고 한 사회의 구성원으로 길러내는 이 대단한 과정에 인지적 유연성을 발휘해야 할 필요가 있다. 다만 아이를 키우는 일은 도로에서 새로운 경로를 찾거나 수학 문제를 다양한 방식으로 생각해 풀어내는 것처럼 단기간에 해결되는 문제와는 차원이 다르다. 그래서 우리는 여러 사람의 지혜와 지식을 빌리고, 공유하고, 내가 가진 신념이나 자녀교육관을 계속해서 견제하고, 균형을 맞추려고 노력해야 한다. 바로 우리 아이의 자녀교육을 맡은 한 팀인 남편과 아내가 서로의 생각을 존중하고 이해하며 견제하고 균형을 맞춰야 한다.

부모의 훈육 방식이 너무 똑같으면 오히려 문제가 생기는 경우를 종종 보았다. 학부모님 둘 다 너무 엄격하고 무섭게 아이를 훈육하는 경우 아이가 규칙을 잘 지키고, 학습 성적도 높지만 가정 내에 따뜻함이 없어 아이가 학교에서 정서적으로 불안한 모습을 자주 보인다. 친구들에게도 엄격하게 규칙을 지키기를 바라는 모습으로 문제가 되기도 한다. 반면 극단적으로 오냐오냐하며 키우는 경우도 문제가 된다. 아이들이 학교에서 규칙을 지키지 않는데도 학부모님이 오히려 학교 내 규칙을 너무 강하게 강요하지 말라고 요청하기도 한다. 아직 아이니까 학교 규칙을 조금 어길 수도 있지 않느냐며 말이다. 부모가 아이에게 꼭 가르쳐야 하는 것들을 훈육할 때는 목표가 같되, 목표를 향해 가는 방법이 서로 달랐으면 한다. 서로의 부족한 부분이 잘 보완되었으면 좋겠다.

아이들에게 좋은 아빠란

그림책 수업을 했다. 《우리 엄마》, 《우리 아빠》라는 그림책을 읽고, 아이들에게 엄마, 아빠를 생각하면 떠오르는 것을 자유롭게 그리거나 쓰도록 했다. 한 아이가 말했다. "우리 아빠는 맥모닝이에요."

매주 토요일 아침에 아빠와 축구를 하고, 같이 맥모닝을 먹고 돌아오는 것이 주말 루틴이라 했다. 그림 속 아빠의 입은 커다란 웃음으로 가득 차 있었다. 아이의 표정도 마찬가지다. 학부모 상담에서 아이의 어머니는 아빠가 무뚝뚝한 편이라 하셨는데 아이는 전혀 그렇게 느끼지 않았던 것 같다. 아이는 아빠를 좋은 아빠라 했다.

"맥모닝 먹으면서 무슨 얘기해? 아빠랑 시간 많이 보내니까 대화도 많이 해?"

"아니요. 그냥 먹고만 오는데요."

《아빠 자판기》라는 그림책 수업을 하던 날을 기억한다. 한 아이가 아빠는 집에 오지 않으면 좋겠다고 했다. 한 달에 한 번씩 가정체험학습신청서를 내고 캠핑장, 호캉스로 온 가족이 여행을 갔고, 언제나 비싼 브랜드의 옷과 좋은 학용품으로 친구들의 부러움을 사던 아이였다. 아빠는 물건도 잘 사주고, 여행도 잘 데려가지만, 너무 무섭고 언제나 아빠 마음대로 한다고 했다. 여행을 갈 때도 운전하느라 피곤하다며 놀아주지 않고, 주말에는 집에 누워 주무시기만 한다고 했다. 아이에게 아빠가 일하시느라 너무 힘드셔서 그렇고, 그런 미안한 마음 때문에 한 달에 한 번씩 여행도 가는 것 아니겠냐며 위로했지만 아이는 집에서 잘 놀아주시면 좋겠다고 했다.

아이에게 좋은 것을 사주고, 좋은 곳에 데려가고, 좋은 체험을 많이 시켜준다고 모두가 좋은 부모는 아니다. 아이에게는 대단히 다정하고, 눈에 보이는 사랑을 주는 부모가 아니어도 괜찮다. 매주 토요일, 좋아하는 축구를 함께 해주고 맥모닝을 함께 먹는 주말의 루틴만으로도, 아이는 매주 조금씩 아빠의 사랑을 적립하고 있었다. 좋은 것을 해주지 못해 아쉬운 마음은 부모의 마음이었고, 아이들은 그저 함께하는 시간만으로 충분했던 것이다.

게임 하지 말라며 혼내는 아빠보다는, 함께 게임을 즐기면서도 시간을 잘 조절할 수 있도록 도움을 주는 편이 좋다. 좋아하는 유튜브 채널을 함께 보면서 대화하고, 계속 보는 대신에 함께 본 유튜브 채널에 관해 이야기를 나누는 게 좋다. 아빠가 좋아하는 것들을 함께하면서 같은 공간에 있는 것만으로도 다정하고 좋은 아빠가 될 수 있다. 낚싯대 앞에서 별 대화가 없어도 낚시를 함께한 추억만으로도 아이를 자라게 하는 힘이 된다. 캠핑장에 가서 원터치 텐트 하나 놓고, 캠핑의자에 앉아 별을 바라보는 것만으로 아이가 어른이 되어 추억할 거리가 많다.

아이에게 다정한 아빠는 좋다. 그렇지만 그것이 꼭 아이를 끌어

안고, 사랑한다는 표현을 자주하고, 좋은 곳에 데려가고, 아이가 원하는 것을 모두 사주는 아빠는 아니라는 사실을 아이들을 통해 안다. 혹시 아이와 잘 지내보려고 이 책을 펼쳐 든 부모라면 매주 주말 아침, 아이가 추억할 수 있는 한 가지 루틴을 만들어보면 좋겠다.

매달 첫 번째 화요일 저녁은 같이 영화 보러 가는 날로 정하거나 매주 수요일 저녁은 커피숍에 가서 같이 게임 하는 날로 정하는 것도 좋다. 아이가 어리다면 무언가 함께해보자고 하고, 사춘기 아이와 관계를 회복하는 중이라면 아이의 의견을 물어 무엇을 할지 함께 정하면 좋겠다. 차곡차곡 티끌을 모은 사랑은 태산이 된다. "아빠랑 아무 말도 안 하는데요."라고 말하지만 좋은 아빠의 타이틀을 얻을 수 있다. 때로는 아이를 믿고 같은 자리에서 묵묵히 바라보기만 하는 것이 진짜 부모의 역할이 아닐까?

내가 언제나 옳을 수는 없다. 그리고 당신도!

　내가 생각하는 교육관이 언제나 옳을 수만은 없다. 첫째에게는 맞지만, 둘째에게는 맞지 않을 수 있다. 오늘은 맞지만, 내일은 맞지 않을 수도 있다. 어떤 날은 아이에게 엄해야 하지만, 또 어떤 날은 상황에 맞게 바뀌는 날도 있어야 한다. 그러려면 아이를 키우는 일에 부모의 의견이 함께 반영되어야 한다.

　엄마가 아이에게 스스로 하는 힘을 키워주고 있다면, 아빠는 가끔 아이가 응석 부리는 것을 받아주어도 좋겠다. 부모가 둘 다 엄하고 훈육할 때 무서운 편이라면, 오랜만에 방문한 조부모님 댁에서 오냐오냐 사랑받는 하루를 보내는 것도 좋겠다. 매번 건강하고 좋은 음식을 먹이지만, 가끔은 엄마 몰래 나가 삼촌과 함께 불량식품을 사 먹고 돌아오는 기억도 있으면 좋겠다. 스스로 잘 먹고 잘 치우지만 어느 날은 입에다 떠 먹여주는 날도 있으면 좋겠다.

활동과 숙면, 낮과 밤, 더위와 추위, 일과 쉼, 다이어트 중의 치팅데이 등 세상의 모든 일에는 견제와 균형이 중요하다. "여보. 아이에게 이런 일이 생겼어. 내가 이렇게 해결하려고 하는데 괜찮은 방법일까?" 부부 관계는 아이가 태어나면서부터 부모 관계가 된다. 둘만의 문제로 싸우기보다 자녀교육 문제로 싸우는 일이 더 많다. 남편과 아내가 서로의 생각을 존중하고, 자녀교육에서만큼은 반대의 시각도 유연하게 받아들이면 좋겠다. 내가 보지 못하는 반대의 면을 봐주는 사람이 있어야 한다. 부모 중 한 사람이 너무 한쪽으로 기울면, 반대편에서 손을 잡고 균형 있게 걷도록 해주어야 한다. 문제 해결의 중심에 나와 아이가 서 있다면 한 발자국 뒤에서 바라보는 남편의 의견을 물어야 한다. 아이를 혼내는 상황에서 스스로 감정의 균형을 맞추기란 쉽지 않다. 감정적으로 치닫는 상황에서 '아, 지금 내가 너무 화가 났어. 감정을 다스리자.' 하고 생각하기가 어디 쉬운가! 제동을 걸기도 쉽지 않다. 이럴 때는 옆에 있던 남편의 참견이 필요하다.

남편을 칭찬 감옥에 가두세요

우리 남편은 아이들에게 이런 이야기를 많이 한다. "이런 부분은 네가 아빠를 닮았어. 가끔 아빠가 살면서 불편할 때가 많거든. 그래서 이것만큼은 엄마의 이야기를 잘 듣고 해보면 좋을 것 같아."라고 한다. 아내이자 엄마로서 존중받는 느낌이 들어서 좋고, 스스로 문제를 잘 알고 있구나 싶어 다행이다 싶고, 훈육이나 조언이 아이에게 도움이 되는구나 싶어 기쁘기도 하다. 나도 남편의 장점이 아이에게서 보이면 지체 없이 말하곤 한다.

"여보. 아이가 이런 것은 당신을 닮아서 정말 잘한다."
"너의 그런 면은 아빠를 닮아서 정말 다행이야. 아빠가 이런 걸 정말 잘해."

자녀교육과 관련된 대화 말고도 부부 사이에는 센스 있는 말하기가 필요할 때가 있다. 센스는 말하기 전에 알아주는 것이 아니라, 말해서 알아듣게 하는 것이다. 남편에게 꽃을 선물받고 싶은 아내가 꽃다발을 직접 사서, 퇴근하고 집에 오는 남편의 손에 쥐여주고는 다시 문밖으로 내보낸다. 꽃을 알아서 사다주면 좋겠지만 받고 싶은 날에는 그렇게 엎드려서 절이라도 받으면 된다. 식탁에서 매너 있게 아내를 위해 의자를 빼주는 다른 남편을 보고, 의자가 당겨지지 않는 것처럼 연기한다. 남편이 다가와 의자를 빼주면 마치 의자를 빼준 것처럼 고마워하며 앉는다. 차 문이 열리지 않는 것처럼 연기하고 남편이 와서 열어주면 우아하게 타고 고마워한다. 요즘은 재밌게 사는 부부들이 영상을 찍어 SNS에 올리는 것을 종종 볼 수 있는데, 엎드려 절받는 귀여운 센스에 절로 미소가 지어진다.

"지금 나한테 고맙다고 마음으로 말했지? 나도 고마워."
"지금 나한테 미안해서 그런 거구나? 내가 다 알지. 나도 미안해!"
"어머! 지금 나 귀여워서 웃은 거야?"
"지금 설거지 도와주려고 여기 온 거 다 알지! 내가 결혼을 정말 잘했네. 이것만 닦아서 넣어줘."

내가 이런 말을 할 때마다 남편은 어이없어서 웃는다. 엎드려 절받는 말이 가끔 분위기를 풀어주기도 하고, 부탁받아 해준 일인데 남편이 스스로 도와준 것처럼 느껴지기도 한다. 하루는 내가 생리통이 심하지는 않은데, 그렇다고 몸을 움직이기에는 불편한 날이었다. 빨랫거리가 빨래통에 쌓여 있는데 남편이 그걸 들고 와서는 썩 기분이 좋지 않은 표정으로 세탁기를 돌리고, 세탁물을 정리하고 있었다. 샤워실이 2개인지라 나와 아이들이 주로 쓰는 샤워실에 모인 빨랫거리였다. 어차피 해줄 것, 기분 좋게 해주면 되지 꼭 그렇게 불편한 티를 내야 하나 화가 올라오려던 찰나에 나는 문자를 보냈다.

'나 몸 안 좋은 것 알고 있었구나. 생리통 때문에 좀 힘들었는데, 말없이 대신해주니까 고마워!'

남편의 불편한 표정은 온데간데없이 사라졌다. 남편이 회식해서 늦게 오는 날이면 아이들에게 "아빠도 집에 일찍 오고 싶으실 텐데 지금 너희들이 얼마나 보고 싶을까? 아빠 오시면 안아드리자!"라고 한다. 속이 부글부글 끓어도 제법 괜찮은 아내가 된 것 같고 좋은 엄마가 된 것 같은 뿌듯함이 앞선다.

가끔은 이런 생각도 든다. 남편과의 관계에서 왜 나만 좋은 말을 먼저 해야 하나 싶기도 하고, 왜 나만 참아야 하는지 화날 때도 있지만, 아이들을 위해서 남편과의 대화에 선순환의 고리를 만들어야 했다. 강주은의 《내가 말해 줄게요》라는 책이 도움이 많이 되었다. 화가 가라앉지 않거나 나만 노력하는 것 같아 억울할 때는 이 책을 펼쳐 읽었다. 수많은 자녀교육서보다 나를 위한 책 한 권이 남편과의 관계와 아이와의 관계에 큰 도움이 되었다. 남편도 감정 표현을 에둘러 하지 않고 솔직하게 표현하는 연습을 시작했다. 좋은 것은 "정말 좋다. 여보, 나는 지금 정말 행복하고 즐거워!"라고 표현하고, "이렇게 하니까 내가 지금 기분이 안 좋아."라고 내게 말하는 연습을 시작했다. 아빠를 닮은 첫째가 나중에 커서도 표현하는 어른으로 자라길 바라는 마음으로 말이다.

육아와 일, 하루하루 현실의 숙제를 해결해나가는 부부가 서로를 향한 따뜻한 말 한마디를 하긴 사실 쉽지 않다. 듣고 싶은 말이 있으면 듣고 싶다 말하자. 말 한마디로 불붙을 큰 싸움이 불씨도 못 피워보고 꺼지기도 한다. 큰 싸움이 될 일이 말 한마디로 가볍고 즐겁게 넘어가기도 한다.

　나는 14시간 진통 끝에 제왕절개로 아이를 낳았다. 모든 과정에 남편이 있었고, 입원하는 동안 샤워도 하지 못한 나의 모든 뒤처리를 남편이 해주었다. 나이가 들어 혹시 (그럴 일은 없어야겠지만) 대소변을 받아내야 할 상황이 생기면, 미우나 고우나 그걸 해줄 수 있는 사람은 남편뿐이라 생각하니 그까짓 말 한마디에 자존심 세워가며 싸워대는 것이 얼마나 우스운가 싶다. "여보! 지금 나를 위해서 애쓰고 있구나! 고마워!"

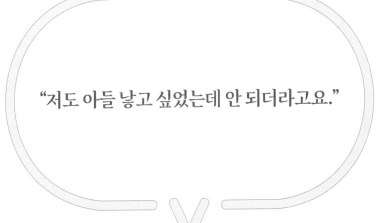

"저도 아들 낳고 싶었는데 안 되더라고요."

"딸만 둘이여? 셋째는 아들 낳으면 쓰것네! 하나 더 낳아. 아들도 있어야제."

"할머니! 그렇죠? 안 그래도 아들 하나 낳고 싶어서 그렇게 노력했는데도 안 되더라고요. 셋째도 딸 낳을까 봐 둘만 낳았어요."

"그려? 맞아! 나도 아들만 서인디 넷째도 아들일까 봐 못 낳것더라고!"

딸만 둘 데리고 밖에 나가면 어르신들한테서 언제나 듣는 말이다. 처음에는 기분이 좋지 않아 "아, 네." 하고 말거나 "딸 둘도 좋아요." 하고 말씀드렸는데, 어느 날부턴가 대답을 바꾸었다. 마음가짐을 바꾸자 대답이 달리 나왔다.

한여름이면 어른들이 말했다. "아기 엄마! 아기 발 시리다. 양말 좀 신겨요.", "엄마가 애를 저리 춥게 해서 데리고 나왔네." 울고 떼쓰는 아이를 달래고 달래다 내버려두면 어디선가 나타나신 어르신께서 말씀하신다. "애가 배고프다고 우네. 엄마가 밥도 안 줘?", "아유, 왜 애를 밖에서 울려. 엄마가 나쁘네!" 순식간에 나는 나쁜 엄마가 되어버린다.

모르는 할머니는 다시 뵐 분이 아니니까 그래도 괜찮은데 문제는 친정 엄마와 시어머니다. 수면교육 좀 해보겠다고 애를 눕혀놓으니 성화였다.

"애가 무슨 책대로 크는 줄 아니! 빨리 안아줘라!"

"모유수유를 해야지."

"배고프다고 하면 달라는 대로 줘라. 왜 먹는 거 가지고 그래. 더 먹고 싶다고 우네!"

"아유, 이 어린애를 무슨 목 가누기 연습을 시킨다고 엎어놓고 고생을 시키니!"

"머리띠 그거 아기 머리 아프다. 아기한테 무슨 머리띠니!"

"아기 힘들다. 그만 걷게 해라. 어서 안아줘라."

"사탕 이거 조금 먹는다고 안 죽어. 유난이다."

"아기 춥다. 보일러 좀 더 세게 틀어."

두 아이를 키우면서 들었던 어르신들의 잔소리는 대하소설을 쓰고도 남을 만큼의 분량이다. 잠도 못 자고, 육아 스트레스로 극도의 피로감이 몰려온 상태에서 이런 말을 들으면 화가 난다. 아이를 시댁에 맡기거나 친정에 맡긴 친구들이(육아독립군이었던 내게는 너무나 부러운 상황이지만) 아이의 할머니와 양육 방식이 맞지 않아 갈등을 겪고 있다고 한다. 그런데 마음가짐을 달리하고부터는 기분 나쁜 마음이 그리 오래가지 않았다.

몸에 좋은 약은 입에 쓰고 좋은 말은 마음에 쓰다. 우리도 아이들에게 "너 잘되라고 하는 말이잖아!" 하며 혼내듯, 어르신들도 좋은 마음으로 하신 말씀인데 귀에도 마음에도 쓰다. 말보다는 그 마음만 받기로 했다.

유치원에 가기 싫다고 울던 첫째가 초등학교에 가자 동생에게 말했다. "유치원 다닐 때가 좋은 거야. 놀기만 하잖아. 너 학교 와봐. 진짜 힘들어." 초등 고학년인 조카가 저학년인 동생에게 말한다. "1학년 때가 좋아. 5학년 되면 진짜 힘들어." 조금만 시간이 지나고 나면 깨닫는 것들이 있다. 아이들마저도 그렇다. 나도 미혼 때와 결혼 후 좋은 남자라 생각하는 조건이 달라졌다. 하나만 낳았을 때와 둘째를 낳았을 때의 마음가짐이 달라졌고, 엄마의 장례를 치르기 전후의 마음이 달라졌다. 미혼 시절 교사일 때와 엄마가 되고 나서 교사일 때의 마음이 다르다. 나보다 곱절의 인생을 더 사신 어르신들도 마찬가지의 마음이지 않을까.

듣기 싫은 말 대처법

만삭에 제대로 앉지도 눕지도 못하고, 밤새 화장실을 들락거리느라 잠도 못 자는 임산부에게 "그래도 배 속에 있을 때가 제일 좋을 때야." 라는 우리의 모습이나 "그렇게 징징거리고 울어도 3살 때 우는 것은 아무것도 아니야."라고 말하는 나의 모습은 아들도 꼭 있어야 하니 셋째를 낳으라고 말씀하시는 어르신의 모습과 똑 닮았다.

지나가는 어르신들의 말씀은 되돌아보니 그럴 수도 있겠구나 싶다. 당신은 하지 못해 아쉬우니 젊은 아기 엄마는 그런 후회를 하지 말라는 좋은 뜻일 것이다. 그렇게 생각하고 나니 "네, 저도 아들이 없으니 아쉽네요." 하고 말거나 "아이고, 그렇네요. 엄마가 나쁘네. 그렇지??" 하고 같이 웃고 만다.

프랑스에서 구하기도 어렵고 비싼 호빵을 샀는데, 3개가 들어 있었다. 딸들이 각각 하나씩 먹고는 나머지 한 개는 반씩 나눠 먹겠다 한다. 티는 안 냈지만, 그 호빵 한입에 서운함이 밀려왔다. 엄마, 아빠에게 한입 먹어보란 소리도 안 하는 딸들을 '아직 어리니까 그렇지.' 하고 이해하면서도 서운했는데, 마흔이 다 되어가는 우리가 제 자식만 끔찍하게 생각하는 모습에 부모님께서 서운하시겠다 싶다. 이 세상 깔끔은 다 떠는 듯한 남편이, 딸아이가 질기다고 먹다 뱉은 열무김치를 입에 넣는 모습을 바라보던 어머님의 표정이 잊히지 않는다.

"맞아요, 엄마. 예전에는 우리 다 그런 거 먹고 컸는데도 이렇게 잘 컸다. 그렇죠? 요즘에는 몸에 좋은 것들이 많이 나왔으니까 엄마도 혹시 간식 같은 거 생각날 때 이걸로 한번 드셔보세요. 아기 것 사면서 엄마 것도 사 왔어요. 이게 유기농이라서 몸에도 좋고, 건강에도 좋고요."

"맞아요. 어머니. 저도 모유수유 너무 하고 싶은데 생각대로 잘 안 되더라고요. 게다가 이번에 병원 검진 갔는데 골다공증 위험이 있다고 하네요. 모유수유를 하면 골다공증 증상이 더 심해진다고 해서 단유하기로 했어요. 저도 너무 아쉽기도 하고요. 그런데 어머니는 그 옛날에 어떻게 그렇게 다 모유수유 하면서 키우셨어요? 정말 대단하세요."

"엄마, 우리도 어릴 때 TV 많이 본 것 같아. 그런데 중간중간 엄마가 책도 읽어주시고, 공부도 같이 해주시고, 또 자제력 잃을 때는 혼도 내고…. 그래서 제가 이렇게 잘 큰 것 같아요. 요즘에는 유튜브랑 만화 채널 때문에 종일 영상을 볼 수 있는 시대라, 아이들에게 자제력을 키워주기 쉽지 않네. 엄마가 우리한테 가르쳐주셨던 것보다 오히려 더 강하게 가르쳐주시면 우리 아기가 나보다 더 잘할 것 같아요. 엄마가 집에서 잘 가르쳐주세요."

"엄마는 진짜 대단해. 내가 엄마처럼 키우려면 엄마한테 더 많이 배워야 할 것 같아요. 배고프다고 할 때마다 수유하는 게 얼마나 힘든지를 내가 이렇게 키워보고야 알았지 뭐야. 근데 엄마, 젊은 나도 힘든데 내가 아기 봐달라고 부탁 드리는 입장에서는 엄마가 조금 편하셨으면 좋겠어요. 식사 시간에만 챙겨주고, 나머지 시간에는 엄마도 좀 쉬셨으면 좋겠어요. 아기 배 좀 고프면 어때. 나는 엄마가 힘들지 않으셨으면 해요."

아이의 마음 읽기도 중요하지만, 엄마의 마음도 읽어주면 좋겠다. 제 자식을 키우는 내 자식을 바라보는 엄마의 마음은 어떨까? 아기 이유식은 그렇게 정성스레 만들면서도, 투병하는 엄마의 밥 한 끼도 제대로 챙겨드리지 못했던 나는 밥을 지을 때마다 엄마 생각이 난다. 지금 알게 된 것을 그때도 알았더라면 하는 후회가 남는다. 지금 엄마가 곁에 계신다면, 내 아이를 챙기는 마음을 조금 떼어내 매일 엄마에게 표현했을 것 같다.

엄마도 이제야 알게 되었어

TV에 나오는 영재들이 월반하여 조기 졸업과 동시에 대학에 입학하는 모습이 부럽다. 예술에 재능이 있어 부모가 다른 길을 찾아주지 않아도 한길만 응원하고 지원해줄 수 있는 안정된 상황이 부럽다. 어린 나이에 데뷔하여 성공을 거둔 연예인을 보면 부모님이 얼마나 좋을까 싶다. 내 아이에게도 어떤 재능이 있는지 빨리 찾아주고 싶은데, 특출난 재능이 보이지 않으면 공부를 잘했으면 하는 마음이 든다. 그마저도 좋은 성적을 빨리 확인하고 싶은 마음이다.

33살에 갑자기 글을 쓰고 싶어졌다. 작가가 되고 싶었던 적도 없고, 책을 출간하고 싶다는 생각도 해본 적 없는 내가 내 이름으로 된 책 한 권 내보는 것이 평생 소원이었던 사람처럼 아이를 재우고 낮이고 밤이고 글을 썼다. 그렇게 몇 년이 지나 마침내 책을 출간하자 아이들이 내게 물었다. 엄마는 어렸을 때부터 작가가 되고 싶었느냐 했다.

"엄마는 33살에 알게 되었어. 엄마가 책을 쓰고 싶은 사람이었다는 것을 말이야."

그것 말고도 어른이 되어서야 알게 된 것들이 많다. 다 먹은 밥그릇을 물에 불려놓지 않으면 설거지가 힘들어진다는 것, 오늘 나의 게으름은 내일 2배의 힘듦으로 다가온다는 것, 다른 사람의 시선은 신경 쓸 일이 아니라는 것, 나이는 숫자일 뿐이라는 것, 공부도 때가 있는 법이라는 것, 눈앞의 작은 행복만 좇다 보면 나중에 올 큰 행복을 놓치게 된다는 것, 하루는 누구에게나 똑같이 주어진다는 것도 말이다. 아이들에게 귀에 딱지가 앉도록 이야기해봐야 내 입만 아프다는 것과 아이들이 언젠가 크면 스스로 깨닫는다는 것도 알게 된다. 내가 겪은 힘든 과정을 아이들이 겪지 않았으면 좋겠는데, 아이들도 겪어내야 어른이 된다는 것도 알게 된다. 그래서 내버려두어도 괜찮다는 것도 알게 된다. 아이들도 자신이 무엇을 좋아하는지, 어떤 것을 잘하는지 알고 싶어 한다.

"선생님, 저는 잘하는 게 없는데요."
"선생님, 저는 제 장점이 뭔지 잘 모르겠어요."
"엄마! 엄마는 내가 뭐가 되면 좋겠어?"

자신감 없는 말 속에 자신의 강점을 찾고 싶어 하는 마음이 느껴진다. 지금 당장 찾지 않아도 괜찮다고 말해주자. 재능을 빨리 찾으면 (찾아야만) 좋은 것도 있지만, 천천히 무르익은 다음에 찾은 재능이 더 빛을 발할 때도 있다. 지금은 못하지만 나중에는 잘할 수도 있다. 가끔은 내가 잘하는 것이 내가 좋아하는 것이 아닐 수도 있다. 내가 좋아하는 것이지만, 재능이 없을 수도 있다. 선생님과 엄마 눈에 보이는 재능도 있지만, 기회가 닿지 않아 아이가 보여주지 않은 재능도 있다.

어린 나이에 확고한 길을 찾아주어 아이들을 고생시키지 않으려는 마음은 어떤 부모나 마찬가지겠지만, 그래도 너무 서두르지 않으려고 마음을 다잡는다. 아이들에게도 말한다.

"아직은 몰라도 괜찮아. 그렇지만 찾으려고 노력하는 사람은 언제나 찾을 수 있어. 엄마는 33살이나 되어서 찾았다니까?!"

아이들에게 물어야 합니다

"자, 오늘부터 엄마는 자발적 방관육아를 실천할 거야. 그러니까 너희 알아서 해."

"오늘부터 당장 학원부터 다 끊고, 집에서 많이 놀게 해야겠어요. 저도 자발적 방관육아를 시작합니다."

다니던 학원부터 모두 끊는다는 부모님들을 보았다. 모든 것이 갑자기 한 번에 바뀌면 엄마 마음은 편할지 몰라도, 아이들은 혼란스럽다. 어떤 길을 선택해야 하는지 모르는 상태인데, 등산로에서 갑자기 길이 사라지는 것과 같다. 육아에서 가장 중요한 주체는 바로 아이인데, 아이의 의견은 없이 부모가 갑자기 양육 태도를 바꾸면 어떻게 될까?

갑자기 넓어진 경계 안에서 아이들이 어찌할 바를 모르고 혼란스러워진다. 전작을 읽은 독자들에게 많이 받은 질문은 "이제 고학년인데 너무 늦은 것은 아닌가요?"였다. 이제 겨우 10살 전후인 아이들에게 '늦었다'는 표현을 쓰면 어느 시기의 아이들도 적당하지 않다. 지금도 늦지 않았다고 말씀드리자 부모님들이 갑자기 아이들에게 모든 것을 스스로 하도록 내버려두고 지켜보신다고 한다.

"아이가 공부하기를 싫어하고 힘들어해요. 스스로 할 수 있게 그냥 두면 될까요?"

"아이가 스스로 먹게 해야겠어요. 음식을 입에 넣지 않고 다 던지는데 그냥 두면 괜찮아질까요?"

"네가 스스로 찾아보고 풀어봐. 이제부터 너 스스로 다 해야 하는 거야."

이런 식이면 곤란하다. 스스로 하게 내버려두거나 아예 모든 것을 도와주거나의 문제가 아니다. 아이들에게 무엇이 '가장' 힘든지 이야기를 나누고, 도울 방법을 찾고, 어떻게 하면 스스로 해결할 수 있는지 의논해야 한다. 아이들의 의견을 반드시 물어야 한다. "지금 하는 공부 중에 조금 변화를 줄 게 있니?", "공부하는 데 필요한 건 없어?" 아이를 키우는 데 중요한 것은 부모의 교육 신념과 아이의 의견을 잘 섞는 것이다.

"엄마가 너에게 하는 것 중에 조금 고쳤으면 하는 점이 있어?"
"아빠가 너희에게 하는 말 중에 혹시 다르게 말해줬으면 하는 게 있니?"

비판적인 시각을 갖는다는 것은 남에 대한 비판을 늘어놓는 것이 아니라, 내 모습을 돌아보고 나를 비판적으로 생각하는 태도라 생각하면 좋겠다. 부모와 자식의 관계에서 필요한 것은 부모가 비판적인 시각을 가지고 끊임없이 교육관을 살피고, 그것이 아이와 잘 맞는지를 살피는 일이다. 아이가 성장함에 따라 시기적으로 필요한 교육관을 유연하게 바꾸어야 한다. 그런 균형은 '대화'와 '변화'로 맞춰야 한다. 아이에게 물어야 한다. 끊임없이 아이에게만 변하기를 요청하지 않고, 함께 변하기로 노력해야 한다. 서로 대화하면서 말이다.

"엄마가 그 부분은 고쳐보도록 해볼게. 너도 그 부분은 노력해주면 좋겠어."

엄마가 행복하면 본전,
아이도 행복하면 이득

    나의 행복이 육아의 중심에 있으면 육아가 나름 할 만해진다. 나는 언제나 내 행복이 우선이기 때문에 어떤 일을 할 때, 내가 행복했으니 본전이고 아이들도 행복하면 이득이 된다. 아이를 위해서 하는 일은 아이가 마음에 들어 하지 않으면 기분이 나쁘지만, 나를 위해서 하는 일에 아이가 싫다고 하면 '싫으면 말고'와 같은 태도가 생긴다.

    내가 행복하기 위해 아이를 낳았으므로, 내가 행복하지 않은 일은 육아에서 제외한다. 혹은 환경을 바꾸어서 아이와 함께 살아남는 법을 고민한다. 프랑스에 오니 나와는 전혀 다른 육아의 세계에서 우아하게 살아가는 외국 엄마들을 보게 된다. 한국 정서로 키웠고, 한국 정서로 키우는 내게 아직 넘어야 할 산이 많지만 그들의 육아를 대하는 태도 만큼은 배울 점이 많다.

남편의 회사에서 부부만 초대된 연말 파티가 있었다. 외국 동료가 남편에게 파티에 참석하느냐 묻기에 "아이들이 있어서 우리는 못가."라고 했더니 2살 된 딸을 둔 동료가 베이비시터를 권했다. 한국 사람들은 남의 손에 아이를 맡기고 어딘가에 외출하는 것은 넘을 수 없는 큰 산이라고 했다. 그것도 밤에, 모르는 사람에게, 연말 파티에 가기 위해 어린아이를 베이비시터에게 맡긴다니 말이다.

불어 수업에 참여하는 한 외국인 엄마가 "나의 아들은 1살이야."라고 하자 나는 아기를 누가 보는지가 궁금해졌다. 당연히 베이비시터에게 맡기고 온다는 말에, 나는 수업을 오는 엄마의 마음가짐에 한 번 놀라고, 이제 겨우 돌 지난 엄마의 건강한 몸과 산뜻한 표정과 어디에도 지친 구석이 없어 보이는 얼굴빛에 놀랐다. 그 시절 나는 아이에게 매여서 온종일 아이 뒤를 쫓아다니고, 외출할 때는 아기띠에, 유모차에, 기저귀 가방을 한 아름 둘러매고, 떡진 머리에 슬리퍼와 추리닝 차림이었다. 그때는 커피숍에서 커피 한잔 테이크 아웃해 산책이나 하면 다행이었다.

둘째가 3살이라는 한 외국 엄마는 이곳에서 3년간 공부해 얼마 전 프랑스 회사에 취직했다고 했다. 남편의 직장동료들은 아내의 저녁 운동을 위해 일찍 퇴근한다는 이야기도 들었다. 방학이면 여행지에 할머니와 할아버지가 손주들을 데리고 떠나는 여행을 꽤 볼 수 있다. 할머니, 할아버지들이 손주들을 데려가 액티비티를 함께 즐긴다고 했다. 그 시간에 부부는 둘만의 여행을 떠난다고 했다. 한국에서는 할머니, 할아버지가 오시면 대가족이 모두 함께 지내는 것이 당연하다고 했더니 오히려 더 놀라워했다.

한국 정서로는 사실 따라가기가 버겁기도 하고, 어떤 면에서는 한국의 전통 육아 방식이 아이들 정서에 더 좋기에 일견 부정적인 생각도 있다. 추레해진 내 모습만큼 내가 아이에게 온전히 사랑을 줄 수 있다고 생각했기에 나의 감지 못한 머리도, 면 원피스 하나가 외출복이자 잠옷이었던 그 시절마저도 나는 아름다웠다고 생각한다. 하지만 외국 엄마들의 육아 태도에서 나는 '부모의 여유'를 찾는 모습을 배운다. 24시간 육아에 얽매여 있지 않고, 육아하는 중간 엄마의 쉼을 찾고, 엄마의 건강을 챙기고, 엄마의 자아를 돌보는 데 소홀하지 않는 외국 엄마들의 모습에서 나는 아이들의 삶을 존중하고 내 삶도 존중하는 태도를 배운다.

어떤 상황에서도 엄마의 이름을 찾자

초등학교 1학년이 되면 엄마들이 하던 일을 그만두기 시작한다. 일이 힘들어서 그런 것이 아니라면 아이들 때문에 포기하지 않으면 좋겠다. 워킹맘과 전업맘의 아이들이 차이가 나느냐고 묻는 경우가 있는데 차이가 난다. 워킹맘의 아이들은 돌봄교실을 가고 전업맘의 아이들은 학교가 끝나면 바로 집으로 간다. 그것도 1~2학년 때나 확연히 보이지 3학년이 되면 누가 전업맘의 아이이고 누가 워킹맘의 아이인지 구별할 수 없다. 심지어 저학년 아이들은 돌봄교실에서 간식도 먹고 장난감도 가지고 노는 아이들이 부러워 왜 자신은 돌봄교실에 갈 수 없느냐는 귀여운 투정을 부리기도 한다.

1~2학년 때 잠시 아이들을 돌봐주지 못하는 가슴 아픔이 이해된다. 하지만 아이들은 독립적이고, 씩씩하다. 녹색 어머니회나 학부모 회의에 참석할 수 있으면 좋겠지만 그걸 못한다고 해도 괜찮다.

아이와의 시간을 소중하게 여기는 마음도 괜찮다. 잠시 휴직하거나 그만두고 아이에게 온전히 몰입하는 삶도 정말 가치 있다. 온전히 아이에게 집중하고 집안일에 집중하는 멋진 삶도 나는 응원한다. 무엇이든 성과가 있길 바란다. 같은 일을 반복하는 것을 싫어하는 나는, 꾸준히 집 안 정리를 하고 아이들과 가족들을 위해 일하고, 누가 시키지 않아도 시간을 잘 나누어 건강하게 지내는 엄마를 진심으로 존경한다.

다만 스스로 이름을 찾아야겠다고 생각이 들면 무엇이든 시도해 보면 좋겠다. 시작하지 않으면 나 자신을 잃기 쉽다. 자신을 브랜딩하는 삶을 살기를 바란다. 우리는 저마다의 양육 방식이 있고, 살아가는 삶의 지혜가 있고, 서로에게서 배울 점이 있다. '나는 게을러서 못해.', '그건 부지런한 사람이나 하는 거지.'라고 생각하더라도 혹시나 이름을 찾고 싶은 마음이 있다면 당장 무엇이든 시작하기를 바란다.

그것은 의지만으로 가능하진 않다. 환경에 변화가 필요하다. 강의를 신청하거나, 소모임에 가입하거나, 학원을 등록하거나, SNS에 가입하거나, 친구들과 함께 모임을 만들어야 한다. 내 삶이 바빠지면 아이들이 하는 일에 하나하나 신경 쓰지 않게 된다. 그것은 잔소리도 줄이면서 나를 성장시키는 방법이 되고, 그것은 아이들에게도 좋은 본보기가 된다. 집에서 밥하고 빨래하고 살림하던 내가, 집과 학교를 오가며 쳇바퀴 같은 삶을 살던 내가 프랑스 어느 카페에 앉아 글을 쓰는 삶을 살게 된 것은, 그날 서점에서 책 쓰기에 관한 책을 읽고 마음이 설레 컴퓨터를 켜지 않았더라면 시작되지 않았을 일이다.

처음에는 나도 시간과 체력이 없어서 못 한다고 했다. 남편은 내게 5분 일찍 알람을 맞추고, 재미있는 일을 하는 것으로 아침 시간을 열라고 했다. 인스타그램을 해도 좋고, 취미생활을 해도 좋고, 인터넷 검색을 해도 좋다고 했다. 대단한 일을 하려고 하면 지치니 재미있는 일부터 시작하는 것이 어떻겠느냐고 조언했다. 나는 새벽 시간을 이용해서 하고 싶은 일을 시작했고, 평소의 내 모든 생활을 그대로 유지하면서 새벽에 마련한 2시간으로 새로운 삶을 시작할 수 있었다.

엄마가 기분 좋은 환경에 살면 아이들은 저절로 행복한 환경에서 살게 된다. 아이들이 대단한 사람이 안 되더라도, 지금 내가 열심히 가진 것을 늘리면 많은 것을 물려줄 수 있다고 생각한다. 지식이든 지혜든 돈이든 말이다. 그래서 나는 공부하기로 했다. 사주를 보러 갔을 때, 사주를 봐주던 어르신께 우리 아이들은 사주가 어떨지 여쭈었다.

"부모가 좋은 환경에서 잘 살면 당연히 아이들도 그리 살겠지요." 하고 말씀해주셨다. 나는 내가 좋은 환경에서 사는 삶으로 아이들에게 좋은 환경이 되어주기로 했다.

좋은 말 나오게 나를 돌보는 5분 습관

기분이 좋을 때야 아이에게 좋게 말해줄 수 있지만, 문제는 화가 났을 때다. 화가 났을 때 평정심을 유지하지 못하고 폭발해버리기 직전, 나는 즉시 대화법에 관한 책 내용을 떠올렸다. 물론 책에 나온 대로 입을 뗐다가 끝맺음이 안 된다. "근데 너 엄마가 생각해봤는데, 좀 너무한 것 같지 않아?"에서 시작해 "지금 엄마가 이상한 거니? 어???!!!"로 마무리하며 끝내 폭발해버리곤 한다. 우리가 로봇도 아니고 기계도 아닌 이상 매번 평정심을 유지할 수는 없다. 다른 방법을 찾아야 한다.

매슬로의 욕구충족 이론에 따라 기본적인 생리적 욕구와 정서적 안정의 욕구가 충족되어야 아이들이 공부할 마음이 생기듯 엄마도 마찬가지다. 아이의 등교 준비, 아침상 차리기, 널브러진 옷가지 치우기, 걷어만 놓은 빨래와 개켜야 할 빨래가 산더미인데 아이는 천하태평이다. 이 상황에 어제 남편과 싸우기까지 했다면, 밥을 입에 물고만 있는 아이에게 좋은 말이 나올 리가 없다. "내 팔자야." 소리부터 나오지 않는다면 살아있는 부처다.

이럴 땐, 아이를 등교시키고 근처에 서성이는 친한 엄마를 만나야 한다. 일찍 문 여는 카페에 가서 커피와 맛있는 디저트로 생리적 욕구를 충족시키고, 신세 한탄을 하는 옆집 엄마의 이야기에 공감하며 정서적 안정 욕구와 소속감, 그리고 애정의 욕구를 채워야 한다. 그러고 나면 자아실현의 욕구, 즉 좋은 엄마가 되어야겠다고 다짐하게 된다.

지금 당장 씻지도 못하고 제대로 옷도 챙겨 입지 못한 상황에서 배고프고 피곤하다면 밥부터 먹고 잠부터 자야 한다. 좋은 음식이 있으면 가장 맛있는 것을 먹고, 좋아하는 일이 있으면 아이 학원비를 줄여서라도 자신에게 투자해야 한다. 친구도 만나고 취미생활도 하고 수다도 떨고, 비생산적인 시간을 가지면서 생리적 욕구와 정서적 안정 욕구를 채우자. **좋은 엄마가 되어야겠다는 자아실현의 욕구는 저절로 따라온다. 아이를 부르는 목소리부터 달라진다.** 내 기분이 좋고, 내가 행복하면 아이에게 늘 좋은 말이 쏟아진다. 지금 내가 행복하고, 여유가 있으면 아이가 그 어떤 행동을 하더라도 기분 좋은 말로 대하게 된다. 가끔은 눈 감고 넘어가주기도 한다.

나는 아이들이 3~4살까지는 자신을 포기하며 살았다. 내 시간을 가질 수가 없어서였다. 아이가 조금 크자 나 자신을 위한 여유가 생겼다. 나를 먼저 돌보려고 하자, 아이를 대하는 마음에 여유가 생겼다. 아이를 잘 키우는 것도 나를 먼저 돌본 다음에야 시작된다.

아이들을 어린이집에 보낼 시기가 왔다면 적어도 몇 개월간은 집에서 방탕한 시간을 보내며 그간 육아에 밤낮으로 지친 몸부터 달래도록 한다. 몇 년간 잠을 제대로 못 자 축적된 피로가 몰려올 텐데 몸의 신호를 읽고 잘 대처해야 한다. 엄마가 자신을 스스로 돌보지 않은 채, 자신을 사랑하지 않은 채 자식을 돌보고 아이를 양육하는 것은 희생이다. 그 어떤 아이도 부모의 희생을 바라지 않는다. 우리가 아이들이 행복하기를 바라는 것처럼, 아이들도 부모가 행복하기를 바란다. 아이를 키우는 와중에 나를 사랑하고 나를 돌보기를 잊지 말아야 한다.

과거에 내가 어떤 환경에서 컸든, 어떤 부모 밑에서 컸든 우리는 지금 행복할 자격이 있다. 과거의 내가 지금의 나를 불행하게 할 수는 없다. 과거의 나와 지금의 나는 다르다. 지금 내가 행복할 방법을 부지런히 찾고, 나의 환경을 좋은 환경으로 바꾸기 위해 지금부터 노력해야 한다. 아이들은 엄마의 행복한 기분과 좋은 말을 먹으며 자랄 것이다.

나는 천성이 게으른 탓에 부지런히 나를 돌볼 체력조차 없는 사람이다. 그런 내가 나를 스스로 돌보기 위해 시작했던 몇 가지를 소개한다. 이것을 계속하다 보니, 새벽 시간에 글을 쓰게 되었고 아이들에게 화도 줄이게 되었다. 새벽에 일어나 공부해서 자격증을 딴다거나 매일 아침 달리기를 하겠다는 큰 목표를 세우면 실패하기 마련이다.

5분 걷기, 5분 공부하기, 5분 정리하기와 같은 작은 목표를 습관으로 만들어보자. 일주일에 한 번만 해도 충분하다. 5분의 힘은 쌓이고 쌓여 복리 이자처럼 불어나 나를 성장시키는 강한 원동력이 된다. 그리고 아이들과 함께 성장하는 엄마가 된다. 5분 동안 할 수 있는 간단한 일부터 시작해보자.

1. 5분 일찍 일어나보자. 아침에 일어나면 양치하고, 세수하고, 몸을 단정히 하는 시간을 5분만 가져보자. 몸에 활력이 생겨난다. 아침 시간 5분이 얼마나 어렵게 확보되는 줄 잘 알고 있지만, 나를 위한 5분이 하루를 바꾸기도 한다. 양치와 세수, 그리고 마스크 팩 한 장. 시간적 여유는 없어도 마음의 여유가 생겨 아이들에게 열 번 화가 날 것이 7~8번으로 줄어든다.

2. 5분 정리하기를 시작해보자. 지금 바로 타이머(구글 타이머 혹은 핸드폰 타이머)로 5분을 맞춰놓고 5분간 할 수 있는 청소나 설거지를 해보자. 생각보다 많은 일을 할 수 있다. 나는 하루에 서랍을 하나씩 정리했다. 워킹맘으로 지낼 때는 아침 출근 준비와 아이들 등교 준비를 동시에 하며 아침밥도 챙겨 먹였다. 일까지 하고 돌아와 어질러진 집을 보면 화가 났다. 새벽 시간 또는 저녁 시간에 남편에게 아이를 맡기고 30분씩 서랍을 하나씩 정리했는데 집이 조금씩 정리되니 마음의 여

유가 생겼다.

3. 내 자리를 만들자. 아이들을 차로 데려다주고 집으로 돌아오면 나는 차 안에서 1~2시간씩 시간을 보냈다. 화장실에 한번 들어간 남편이 좀체 나오지 않는 것처럼 말이다. 집에는 내 공간이 하나도 없는데도 내가 어지르지도 않은 집을 내가 치워야 했기에 아무것도 하지 않아도 되는 차 안에서 보내는 시간이 너무 소중했다.

집 안에 내 공간을 하나 만들자. 작은 책상이나 예쁜 테이블 정도면 충분하다. 좋아하는 꽃 한 송이를 테이블에 놔두고, 앉아서 무엇이든 해도 좋다. 집 안에서 전망이 가장 좋은 곳, 또는 집안일이 하나도 보이지 않는 장소에 지금 당장 작은 테이블을 놔두자. 아이들이 쓰던 뽀로로 책상도 좋다. 예쁜 테이블 보 하나 깔고 커피 한잔 마셔보자. 나를 돌보는 시간과 나만을 위한 작은 공간이 아이를 대하는 마음의 여유를 준다.

4. SNS의 순기능을 잘 활용해보자. 집안일과 육아는 보상이 없는 쳇바퀴 같은 숙제다. 누가 뭐라고 하는 사람은 없지만, 안 할 수 없기에 반드시 해야 한다. 나는 인스타그램을 선호하는 편인데 핸드폰, 사진, 간단한 글만 있으면 된다. 내가 잘할 수 있는 것 혹은 내가 잘 못하는 것을 SNS에 올리면 즐거운 숙제가 된다.

인터넷 카페 소모임을 활용하는 방법도 좋다. 맘카페나 SNS에서 내가 관심 있는 분야의 소모임에 가입하고 꾸준히 인증하며 활동해보는 것도 좋은 방법이다. 강제성을 가진 시스템 안에서 움직여야 한다. 의지만으로 무언가를 꾸준히 하기에 엄마는 너무 바쁘다.

꿈을 이루라 하지 마세요. 꿈을 이루세요

오빠와 싸우다 팬티 바람으로 쫓겨났다던 친구도, 게임을 하도 많이 해서 엄마가 출근길에 키보드와 마우스를 들고 출근했다던 친구도 엄마, 아빠가 되었다. 우리는 혼나며 자랐고, 다정한 말을 듣지 못했으며, 그렇게 시끌벅적 살아왔지만 모두가 잘 살고 있다.

정말로 문제가 있는 부모가 아니라면 가끔 아이에게 실수도 하고, 아이들을 혼내는 그런 모든 일이 삶을 더 재미있게 만들고, 풍요롭게 하는 것은 아닐까? 완벽하지 않은 부모님 밑에서도 나는 잘 자랐다. 이 책을 읽고 있는 여러분도 모두 잘 자란 것처럼 말이다. 그러니 모든 것을 잘하려고 애쓰며 아이를 키우지 않았으면 좋겠다. 지금도 충분히 잘하고 있다. 정말로!

아이에게서 보이는 문제 행동들이 지금의 내 양육 방식 때문에, 혹은 나의 유전자를 물려받았거나 남편을 닮아 그렇다는 생각은 지웠다. 내가 내 모습을 사랑하게 되자 아이에게서 보이는 내 모습과 나를 닮은 문제 행동도 사랑할 수 있게 되었다. 지금부터 아이에게 20년간 내가 옳은 방식으로 사는 모습을 보여준다면 아이도 그리 클 것이라는 생각을 했다. 20년 뒤, 60대의 어른이 될 나와 지금의 내 모습을 닮을 30대 아이의 모습을 생각했다. 지금 아이에게서 보이는 작은 문제에 조바심내지 않고, 나 자신을 성장시키는 것이 가장 확실한 침묵의 잔소리라 생각했다.

"여기서는 나를 잃으면 안 돼요. 밥하고, 아이들 픽업하고, 이 작은 동네에서 쳇바퀴처럼 빙글빙글 돌다 보면 내가 지금 뭐 하고 있는건가 생각하게 되거든요. 그럼 힘들어져요. 그러니까 나를 위한 무언가를 꼭 해야 여기서 오랫동안 즐겁게 지낼 수 있어요."

이곳 프랑스에 몇 년 먼저 온 지인이 내게 꼭 해줄 말이 있다 했다. 마트에서 장 보는 것, 이 동네에 뭐가 어디에 있는지는 살다 보면 알게 되지만 "나를 잃으면 안 된다."는 말은 아무도 해주지 않기에 꼭 해주고 싶었다고 내게 조언했다.

이곳에서의 삶만이 그렇지는 않을 것이다. 우리는 아이가 3살 정도만 되어도 기관에 보내고, 그러면 엄마가 아닌 '나'의 시간을 갖게 되는데 그때부터는 잠시 잃어버렸던 나를 찾으려 노력해야 한다. 그것이 아이에게 무엇보다도 긍정적으로 작용한다.

"엄마는 커서 뭐가 될 거야?" 미용사가 되고 싶다는 둘째가 내게 커서 무엇이 되고 싶냐 물었다. "엄마는 이제 다 컸어."라고 말하려다 '그러게, 지금보다 더 크면 뭐가 될까?' 하고 궁금했다. 아이의 질문에 나는 지금보다 더 성장해 더 나은 어른이 되어야겠다고 다짐했다. 건강하고 예쁜 할머니가 되어야겠다고. 아이들과 함께 늙어가며 60대가 된 아이의 생일에 "5살쯤 네가 내게 커서 뭐가 될 거냐 물었어."라고 이야기해주며, 90살이 넘은 내가 환갑이 된 아이에게 커서 뭐가 되고 싶은지 묻는 엄마가 되어야겠다고 다짐했다.

"아들을 한의대에 보낼 생각 말고 엄마가 한의대에 가세요." TV 강연에서 이 말을 듣고 내 삶의 태도와 양육 방식을 바꾸게 되었다. 나는 아이들에게 꿈을 이루라고 말하지 않고 내가 꿈을 이루는 모습을 보여주려 노력한다. 아이들이 30살, 40살에도 계속해서 자기 이름을 놓지 않는 사람, 그런 엄마, 아빠가 되길 바라서다. 게으르지만, 부지런히 살기 위해 부단히 노력하는 이유다. 남편도 내가 가정에만 온전히 충실하고, 여유 있는 마음으로 아이들과 집에서 지내기를 바라겠지만, 계속 도전하는 나의 꿈을 응원하는 이유는 첫째는 아내를 위함이요, 둘째는 딸들이 그렇게 자랐으면 하는 마음이라고 했다. 나는 다른 사람이 보기에 좋은 엄마가 아니라 내 아이들이 보기에 행복한 엄마가 되고 싶다. 먼 훗날 아이들도 그런 부모가 되기를 바란다.

지금 당장 아이에게 이럴 땐 이렇게 말하고, 저럴 땐 저렇게 말하는 것은 더는 중요하지 않다. 아이와 함께 성장하는 모습을 보여주고, 말을 멈추는 것. 이것이 내가 찾은 대화법이다.

＊ 아이에게 옳고 그름을 가르치는 말

"네 말도 맞지만 지금 상황에선 옳지 않아."

"다 같이 있는 상황에서 그러는 건 옳지 않아."

"싫은데 어떻게 하냐고? 지금은 하는 것이 옳아."

"엄마는 네가 옳은 선택을 하는 사람이면 좋겠어."

＊ 아이에게 예의를 가르치는 말

"이건 좋은 예절이 아니야."

"규칙을 지켜야 해."

"규칙을 존중해."

＊ 아이가 스스로 알아서 하게 만드는 말

"네가 알아서 해."

"잘 안 되면 말해. 무엇을 도와줄까?"

"네 몸이지, 내 몸이 아니야."

"물은 컵에다 스스로 따라 먹어."

"과일은 스스로 씻어서 먹어."

"휴지 가져다가 직접 닦아."

"치즈는 냉장고 제일 아래 칸에 있어."

"그래. 네가 방법을 한번 찾아봐."

"네 물건은 나는 모르지. 네가 잘 찾아봐."

* 말 없는 아이와 대화의 물꼬를 트는 말

"요즘 힘든 일 없어?"

"오늘 가장 속상한 일은 무엇이야?"

* 아이의 경계를 지켜주는 말

"그래. 그건 네 거야."

"엄마 접시에 있는 음식은 엄마 거야."

* 아이에게 용기를 주는 말

"실패해도 괜찮아."

"우선 해보고 안 되면 그만해도 괜찮아."

"하다 못하겠으면 바로 포기하고 돌아와."

"시도해본 것만으로 대단한 거야."

"다 못 먹어도 괜찮아."

"못하면 어때? 못해도 괜찮아."

"그럼 어때? 그게 왜 문제야?"

* 아이에게 가끔 선물처럼 하면 좋은 말

"학원 빠지고 오늘은 엄마랑 놀러 갈까?"

"학교 일찍 마치니까 우리 놀이동산 갈래?"

"오늘 하루는 좀 쉬어. 물론 내일은 안 돼."

* 아이의 집중력을 키워주는 말

"우리 밖에 나가서 해보자!"

"밖에서 할 일 하고 남은 시간은 실컷 놀자."

* 아이의 공부를 돕는 말

"지금 하는 공부 중에 변화를 줄 게 있니?"

"공부하는 데 필요한 건 없어?"

* 아이와 교감하는 말

"우아, 이 그림에 무엇이 더 있으면 좋을까?"

"색칠도 하면 진짜 멋지겠는데?"

"엄마가 조금 고쳤으면 하는 점이 있어?"

"아빠가 너희에게 다르게 말해줬으면 하는 게 있어?"

"엄마가 그 부분은 고쳐보도록 해볼게. 너도 그 부분은 노력해주면
좋겠어."

"속상하겠다. 정말로."

⁕ 사달라고 떼쓰는 아이를 진정시키는 말

"아, 진짜 맛있게 생겼다. 엄마도 먹고 싶네."

"우리 딸이 진짜 먹고 싶긴 하겠다."

"엄마라도 사고 싶겠는데 못 사줘서 미안해."

"이것 대신 엄마랑 이따 맛있는 걸 사 먹으면 어때?"

"아, 엄마도 사고 싶다!"

"엄마도 지금 아이스커피가 마시고 싶다!"

⁕ 아이가 불편을 경험하게 하는 말

"지금 이거 사 먹으면 손이 찐득거려서 불편할 수 있어. 그래도 먹

　을래?"

"이거 맛없어 보이는데, 괜찮겠어?"

⁕ 아이가 장난감을 정리하게 하는 말

"블록만 찾아서 여기에 담자."

"여기엔 쓰레기만 골라서 담아."

⁕ 아이를 제지하는 말

"하지 마. 안 되는 거야. 다음에 하자."

"우는 건 괜찮은데 소리를 지르는 건 안 돼."

＊ 아이의 이해심을 길러주는 말

"누구나 그런 날이 있어."

"엄마 너무 졸려. 타이머 맞추었으니 30분 있다가 일어날게."

"엄마 지금 바쁘니까 기다려."

＊ 글씨를 엉망으로 쓰는 아이에게 하는 말

"이 부분만 다시 써볼래?"

"네가 쓸 수 있는 가장 예쁜 글씨로 써보자."

＊ 실수를 반복하는 아이에게 하는 말

"실수로 틀리면 아쉬워서 어떡해. 아쉽지 않게 검산해보자."

"이 문제 딱 하나만 신경 써서 풀어봐."

엄마는 아무 말도 하지 않을 거야

2024년 1월 22일 초판 1쇄 발행

지은이 최은아
펴낸이 박시형, 최세현

책임편집 김유경 **디자인** 정아연
마케팅 양봉호, 양근모, 권금숙 **온라인홍보팀** 신하은, 현나래, 최혜빈
디지털콘텐츠 김명래, 최은정, 김혜정 **해외기획** 우정민, 배혜림
경영지원 홍성택, 강신우, 이윤재 **제작** 이진영
펴낸곳 (주)쌤앤파커스 **출판신고** 2006년 9월 25일 제406-2006-000210호
주소 서울시 마포구 월드컵북로 396 누리꿈스퀘어 비즈니스타워 18층
전화 02-6712-9800 **팩스** 02-6712-9810 **이메일** info@smpk.kr

ⓒ 최은아(저작권자와 맺은 특약에 따라 검인을 생략합니다)
ISBN 979-11-6534-874-8 (13590)

쌤앤파커스(Sam&Parkers)는 독자 여러분의 책에 관한 아이디어와 원고 투고를 설레는 마음으로 기
다리고 있습니다. 책으로 엮기를 원하는 아이디어가 있으신 분은 이메일 book@smpk.kr로 간단한
개요와 취지, 연락처 등을 보내주세요. 머뭇거리지 말고 문을 두드리세요. 길이 열립니다.